回想の潜水艦

――苦闘を続けた国産潜水艦の肖像

「うずしお」型（手前）は、海上自衛隊が初めて採用した涙滴型潜水艦であり、潜水艦隊の変革を象徴する船だった。奥から入港してくる「あさしお」型はいかにも旧式な印象である（写真／菊池征男）

昭和30年10月24日、横須賀に初入港する「くろしお」。まだ艦番号は「ミンゴ」時代の「261」のままである。米国から貸与された本艦は、元々第二次世界大戦で活躍した旧型潜水艦であった。ここから海上自衛隊の潜水艦の歴史が始まった（写真／海上自衛隊）

戦後の国産潜水艦第1号である「おやしお」の進水式。日本は敗戦による潜水艦部隊壊滅から、わずか15年あまりで純国産潜水艦を建造するに至ったが、先進的な1軸艦は見送られ、2軸を採用した（写真／海上自衛隊）

「おやしお」に続く国産潜水艦として建造された「はやしお」型（2番艦「わかしお」）。水中排水量930トンというサイズは小型に過ぎ、次の「なつしお」型とともに海上条件の厳しい日本近海での運用は困難だった（写真／海上自衛隊）

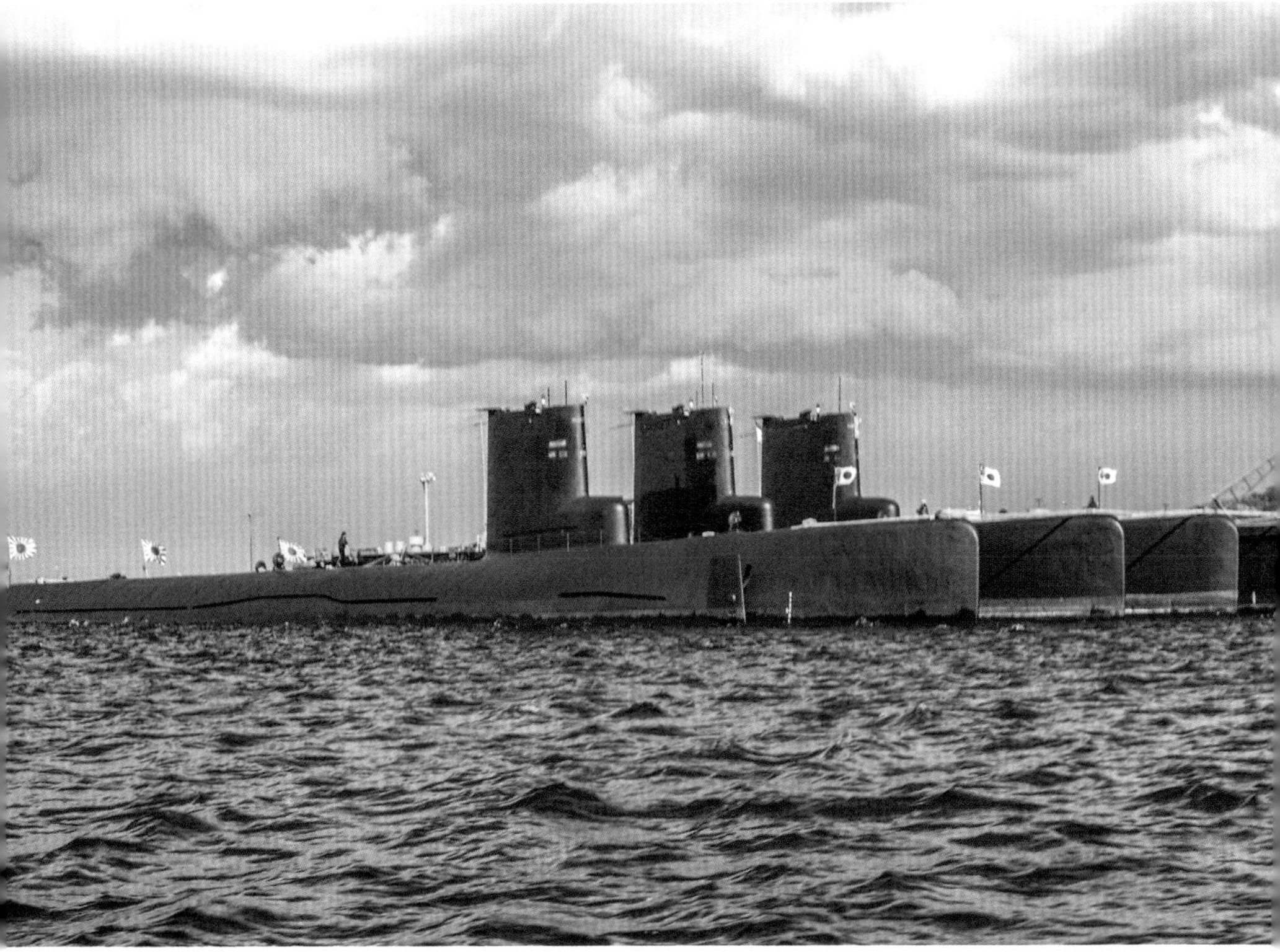

3隻がならなんで停泊中の「あさしお」型。水中排水量は2,250トンに達し、ようやく本格的な作戦用潜水艦としての体裁を整えた。本型を最後に、海上自衛隊の潜水艦は2軸推進から脱却することになる（写真／菊池征男）

水中性能を重視した海上自衛隊初の1軸推進涙滴型潜水艦として建造された「うずしお」型。まだ本型が海自潜水艦の最新鋭だった昭和55年1月の撮影で、2隻が並んで停泊している（写真／菊池征男）

「うずしお」型の拡大改良型である「ゆうしお」型。本型の同型艦10隻は、「そうりゅう」型の12隻、「おやしお」型の11隻に次いで多く、海自潜水艦隊の一時代を築いた潜水艦であった（写真／菊池征男）

海上自衛隊の涙滴型潜水艦の完成形として建造された「はるしお」型。「ゆうしお」型の発展型で外観はよく似ており、相違点は艦首に突き出す逆短ソナーだが、写真の１番艦は就役時未装備だった（写真／海上自衛隊）

練習潜水艦となった「はるしお」型の7番艦「あさしお」。本艦は試験的に導入したAIPを搭載、他の「はるしお」型各艦より全長が9m長くなっている。写真は平成20年の撮影だが、背景に見える潜水艦は全艦涙滴型である（写真／上船修二）

潜水艦隊の精鋭たち
──世界最高峰の通常動力型潜水艦

葉巻型船体を初採用し、さらなる性能向上を図った「おやしお」型。本型から艦容が大きく変化し、本格的な対潜水艦用の潜水艦として発展していった。現在は退役が始まり、2隻が練習潜水艦TSSへ種別変更されている（写真／花井健朗）

上空から見た「そうりゅう」型。本型から採用された艦尾に突き出すX舵、セイル前面の整流覆いなど、本型ならではの外観上の特徴を見てとることができる（写真／柿谷哲也）

「そうりゅう」型はスターリング機関を搭載したAIP艦として建造されたが、写真の11番艦「おうりゅう」からAIPを排し、世界初のリチウムイオン電池潜水艦として就役した（写真／花井健朗）

横須賀の長浦地区に新たに設けられた潜水艦桟橋に並ぶ、現在の海上自衛隊が配備する3タイプの潜水艦。一番奥が「たいげい」型、その次に「おやしお」型、「そうりゅう」型、そして一番手前に「そうりゅう」型2隻が並ぶ（写真／松本晃孝）

後方から見た海上自衛隊最新の潜水艦「たいげい」型（1番艦「たいげい」）。外観上は「そうりゅう」型とほとんど差異はないが、船体全体が若干ボリューム感あるシルエットになった（写真／花井健朗）

海上自衛隊
潜水艦建艦史

増補改訂版

勝目純也

イカロス出版

海上自衛隊
潜水艦建艦史 増補改訂版

目次

contents

巻末資料

海上自衛隊潜水艦オールカタログ

——限界に挑み続けた静かなる名艦たち……239

海上自衛隊潜水艦部隊の推移

第一章

国産潜水艦への道

――ゼロからの再スタート

「くろしお」／「おやしお」

貸与潜水艦からの再スタート

明治38（1905）年、我が国に初めて潜水艇が導入されて以来、急速に発展した日本海軍の潜水艦は、わずか29年で船体・機関ともに国産化を成し遂げた。その後太平洋戦争において150隻を超える潜水艦が出撃したが、3年8ヵ月の戦いの結果、老朽化した潜水艦と数隻の作戦用潜水艦を除いて壊滅した。わずかに残った潜水艦も昭和21（1946）年春までにすべて処分され、日本が保有する潜水艦はゼロとなった。40年に及ぶ日本の潜水艦の歴史は、ここで一度断絶したのである。

海上自衛隊は昭和29（1954）年7月、海上保安庁傘下に発足した「海上警備隊」を基礎として成立した。新たな海上防衛任務の主体は、対潜水艦作戦である。

対潜訓練において、特にその基本となる訓練はソナー訓練である。現在のように高度なシミュレーター技術などない時代のため、本格的な訓練を行うためには、実物の潜水艦が必要であった。

通常、訓練用の潜水艦といえば、第一線を退いた旧式艦がその任務にあたるが、我が国は太平洋戦争の結果、1隻の潜水艦も保有していなかった。そのため、訓練では必要に応じて米海軍の潜水艦を借りていた。当初、在日米海軍は訓練への潜水艦派遣に快く協力してくれたという。しかし、訓練の要望は徐々に高度となっていき、米海軍の訓練や、朝鮮戦争後の極東情勢への警備任務などから、海上自衛隊の要望に応じきれなくなっていった。その結果、訓練への参加を予定していた潜水艦が突然変更になることも少なくなかった。

そこで日本側は、米海軍に対して艦艇貸与の追加要請の中に、対潜水艦訓練目標（ターゲット・サービス）として、潜水艦を含めてもらうことを強く要望した。当時の海上自衛隊艦艇はすべて米海軍からの貸

米国で訓練中と思われる「くろしお」。セイルの艦番号はまだ「ミンゴ」時代の「261」だが、艦尾には「くろしお」と書かれているようにも見える。ガトー級は米潜水艦の艦隊型の集大成として量産されたタイプだが、当時はさすがに旧式化していた（写真／海上自衛隊）

与艦だったため、必要な艦艇は米海軍に要望するしかなかったのだ。海上自衛隊初の潜水艦は、戦力としてではなく、訓練用の機材として要求されたのである。

昭和29年3月に締結された日米相互防衛協定に基づいて、日本政府は駆逐艦5隻と潜水艦2隻の貸与を米国に要請する。これに対し、米国からDD2隻（DD181「あさかぜ」、DD182「はたかぜ」）とDE2隻（DE262「あさひ」、DE263「はつひ」）の貸与が決まり、翌昭和30（1955）年1月には、ついに潜水艦の貸与も決まった。これが後のSS501「くろしお」である。しかし貸与された本艦は旧式の潜水艦であり、大戦期に日本海軍と戦ったガトー級の一艦、SS261「ミンゴ」であった。

潜水艦を回航せよ！　派遣隊の編制

貸与が決まった潜水艦だが、これは海上自衛隊が自力で日本に回航してこなくてはならず、その貸与・回航にあたっては、米海軍の潜水学校の課程を修業することが条件とされた。そこで潜水艦の回航を行う「訓練派遣隊」が編制されることになった。

その回航員の編制に際しては、まずは幹部の候補者が上官から指名されていった。日本海軍潜水艦出身者で開戦時から潜水艦乗りで、後に「くろしお」の機関長になる伊藤久三（機49期）は、術科学校で機関科教官として勤務していたが、突然校長に呼ばれ「明日にでも海幕に行って身体検査を受けるように」との命を受け、回航員に加わった。

海曹士の場合は、隊員向けに募集があった。伊400潜の電機員だった高塚一雄は、今一度潜水艦に乗りたい一心で志願したという。一方で、海外に公費で出張に行けると応募してくる者もいた。

しかし、応募すれば誰でも行けるのではなく、厳正な選抜適性検査があった。心理テストや一般身体検査、加圧室検査、胸部レントゲン、耳鼻咽喉失陥など、検査は厳しく、全体で122名が検査を受け、20名がはねられた。さらなる検査で最終的に残ったのは、幹部12名、海曹士73名であった。

貸与潜水艦の艦長を命じられた森永正彦1佐は、日本海軍の潜水艦で実戦経験豊富な大ベテラン。温厚無口な人柄で、伊藤久三機関長の回想によれば「常に平常心、非常に慎重」と評している。極めて責任感の強い人物で、米国から日本に「くろしお」を回航する際、一度たりとも司令塔を出ることはなかったという。

副長の井上龍昇3佐は兵学校68期の3番という秀才でありながら、尊大なところがなく、眉目秀麗とあいまって「男が見てもほれぼれするいい男」と称された。しかも米国の潜水学校で毎晩深夜まで勉強を欠かさない努力家でもあった。

船務長の高橋真吾3佐は逸話が多い。後に護衛艦「ありあけ」の艦長を拝命することになるが、本艦が米国から引き渡された際、自衛艦旗の代わりに、日本海軍時代に使用していた潜水艦の軍艦旗を掲げて、駆逐艦「ありあけ」と公言したというエピソードを持つ。器用な一面もあり、仲間の散髪が上手かったそうである。

機関長の伊藤3佐も機関学校出身の生粋の潜水艦乗りで、太平洋戦争開戦時から潜水艦の機関を守ってきた。後に初代第2潜水隊群司令となる。伊藤も実に温厚な人柄で部下に慕われた。

昭和31年12月18日、神戸沖で性能調査を終え係留作業中の「くろしお」。米国には安全潜航深度を増した改ガトー級ともいえる「パラオ」級もあったが、貸与されなかった（写真／海上自衛隊）

通信長の藤井伸之1尉は第9代「くろしお」艦長に就任する人物である。また連絡班の安陪祐三2尉は、通訳として訓練派遣隊に加わったが、元々潜水艦出身者ではない。しかしこれを機会に潜水艦畑に進み、後に初代潜水艦司令官となる。いずれにしても主要幹部は、海軍潜水艦出身者で占められていたのである。
米国に向かう訓練派遣隊の行動は大別すると次の4つの期間になる。
・ニューロンドン米潜水学校における教育訓練期間
〜昭和30年1月3日から6月16日まで
・メアーアイランドにおける訓練及び潜水艦受け取り準備期間
〜同年6月21日から7月18日まで
・サンディエゴにおける潜水艦の受け取り、訓練及び日本向け回航準備期間
〜同年7月19日から正式な引渡し式を経て9月27日まで
・日本回航
〜同年9月27日からハワイを経て10月25日横須賀入港まで
訓練派遣隊予定者として、幹部は11月24日付、海曹士は11月25日付、それぞれ横須賀基地警防隊補充部附に発令された。幹部は直ちに先の厳密な身体検査を実施し、12月7日に正式に訓練班10名、連絡班3名の人選が決定された。
幹部の陣容とその主要な経歴は以下の通りである（セカ＝潜水艦長、セニ＝先任将校（水雷長）、コ＝航海長、キ＝機関長）

艦長――――――1佐　森永正彦（兵49期）　呂34潜セカ、伊158潜セカ、伊5潜セカ、伊2潜セカ、伊56潜セカ

副長――――――3佐　井上龍昇（兵68期）　伊181潜コ、伊10潜セニ、伊202潜セニ

船務長――――3佐　高橋慎吾（兵68期）伊26潜セニ、呂67潜セカ、伊372潜セカ
機関長――――3佐　伊藤久三（機49期）伊7潜、伊56潜キ
砲術長――――1尉　八十島奎三（兵71期）呂64潜、伊368潜コ、波216潜セカ
通信長――――1尉　藤井伸之（兵72期）呂500潜
水雷士兼補給長――1尉　芦高隆一（兵74期）
機関長附――――2尉　紀好 孝（機55期）
電機長――――2尉　本多清信（機55期）
医務長――――3佐　伊藤善三郎
連絡班――――3佐　大堀 正（兵69期）
――――2尉　安陪祐三（兵75期）

ベテラン揃いの米潜水学校100期生

まず幹部10名、連絡班幹部1名、海曹1名が、12月26日23時羽田発の米軍用機、ダグラスDC6で出発した。途中、ミッドウェー、ホノルルを経由して27日にサンフランシスコに到着。鉄道とフェリー、汽車を乗り継いでシカゴに向かう。シカゴまでの長い列車の旅は優雅な寝台車の個室を用意してくれたという。ロッキー山脈を越え、シカゴに到着したのは29日。さらに列車でニューヨークに到着、迎えのバスでニューロンドンにある潜水学校基地隊に到着した。現在とは違い、日本から3日半もかかっている。

一方海曹士の派遣隊候補者98名は、昭和29年12月、横須賀補充部に集合した。彼らを迎えた当時、副長

予定者の今井賢二3佐は、「さすがに潜水艦の回航要員として選ばれてきただけあって、どこか一癖ありそうな君達に接し心強く思う」と激励した。今井3佐は兵学校67期、「大和」の初代甲板士官を経て、伊26潜の先任将校、伊202潜の艦長を勤めた生粋の潜水艦乗りだけに、訓示の迫力が違う。

昭和30年1月14日、最終的に選抜された72名は横浜第4埠頭から米軍輸送船「サルタン」で米国に向かった。最終的な派遣隊の内訳は1曹17名、2曹24名、3曹14名、士長12名、1士6名計73名である。

厳しい選考基準を経て編成されただけあり、米国への船内では規律正しく、清掃等まできちんと行って、輸送船長から賞賛されたそうである。途中どこにも寄港せず、サンフランシスコまで10日間の船旅だが、渡航目的を知った船長の提案で、英語の勉強に協力しようということになった。昼食後の食堂で教養マナーの講義を行い、洋食の食事マナーや、チップの渡し方、車やエレベータに女性と一緒に乗った時のマナーなど、すぐ実務で役立つ内容を英会話の勉強を兼ねて懇切丁寧に教えてくれた。「英会話の優秀者には金時計をプレゼントする」と中佐の船長自ら講師に当たってくれたが、会話の練習の際は中佐対兵士の関係で緊張してしまい、思わず咳こんで会話にならぬ一場面もあった。

船長発行の日付変更線通過証書を記念にもらい、サンフランシスコ入港予定日に英語のマナー研修が終わった。お世話になった船長をはじめ輸送船の乗員に別れを告げ、サンフランシスコから今度は飛行機でニューヨークに向かい、1月25日に同地へ無事到着した。

潜水学校のあるニューロンドンという街はコネチカット州にあり、ニューヨークとボストンの中間地点に位置する。その名の通り、英国のロンドンにならって市内を流れる川もテームズ川という。その河の右岸をニューロンドン、左岸をグロトンといい、グロトンこそ日本海軍潜水艦の草分けであるホランド型が建造され、今日でも潜水艦メーカーであるジェネラル・ダイナミクス・エレクトリック・ボート社がある。

ニューロンドンには潜水艦基地が置かれ、大西洋潜水艦隊司令部、各級司令部、修理施設、潜水学校、潜水艦医学実験部、潜水艦基地隊等があった。また、河岸には十数条の栈橋があり、多数の潜水艦が係留されていた。

ここで訓練派遣隊員は、一から教育を受けることになる。教務は、幹部と海曹士とがそれぞれ別の課程で行われた。幹部は米潜水学校１００期生として1月3日に入校した。学生は米国人が１００人、日本人9名、ブラジル人5名、チリ人10名だった。日程は6月17日まで4期に分けられ、講義と実習で進められた。海曹士は約1ヵ月後の1月24日に潜水学校に到着し、やはり6月の卒業まで5ヵ月間、ベーシックコース、アドバンスコースの順に教務が進められた。

同地での課業では、教育方法の違いにも驚かされた。例えば在学中に取得すべきものとして、毎日発光信号の練習を行うが、分かる者は行かなくてよいという。

本格的な教育には講堂での座学と乗艦実習があった。座学は襲撃、潜航、通信、機関、電機である。まずレクチャーと称して全員に対して8時から、教官より一般論の説明がある。その後、班に分かれて機器の取り扱いについての実務講習に移る。午後は13時から16時まで。時間割りは午前と同様で、講義と実習の組み合わせで進められた。

試験は全期間に各科目とも4回行われた。主に5答択1式で、50問から80問出題された。言葉の問題もあり、外国人にはある程度試験時間の延長が認められていた。ところが米国の学生から日本人に時間の延長を認めるなら、我々にも認めて欲しいと要望が入った。それに対し米国の教官は、「諸君が日本語で受験すると言うなら時間はいくらでも延長しょう」と言ったそうである。

講義内容は第1～2週が潜水艦隊の編制を知ったり、潜水艦内部機構、外部機構、各種タンクの説明、

昭和31年2月18日、神戸沖にて性能調査を実施している「くろしお」。艦橋にはためく自衛艦旗が復活した日本の潜水艦を象徴する。当初、船体は灰色と黒に塗り分けられていた（写真／海上自衛隊）

舵のことなど、内容を広めていった。

ベーシックコースが少し進んだ頃、ダイビング・トレーナーによる潜航訓練が始まった。これは〝ダイトレ〟と称する実際の潜水艦と同じ構造のシミュレーション装置を使っての訓練である。今日の海上自衛隊の潜水艦教育訓練隊にも、各潜水艦の型式別に〝ダイトレ〟が準備されている。ほとんどの派遣隊のメンバーは帝国海軍の潜水艦乗りである。この訓練の出来栄えは、米海軍の教官を唖然とさせたという。

第3週〜4週は、さらに専門的な内容になる。低圧・高圧空気に関することや、燃料、ツリム、注排水など、潜水艦に欠くことのできない重要な内容に至る。

第5週〜6週では艦内電話の実習、油圧、縦舵、潜舵、横舵の概説、発射管実習、応急訓練と続く。

第7週は実習と復習の時間が多く、発射管実習、艦内電話、潜横縦舵復習、油圧実習等があり、最終週では、各週の総括復習と各週総括試験が行われ、4月1日にベーシックコースが終了した。

その後はアドバンスコースとなり、各専門に分かれる。第1分隊水雷科17名は運用、砲術、水雷。第2分隊船務科14名は操舵、信号、電信、電測、電子整備、水測。第3分隊機関科34名は、機械、電機、電路。第4分隊補給科・医務科8名は庶務、経理、補給、調理、医務で、それぞれの専門分野の教育受ける。

しかしこの段階で言葉の壁に突き当たった。より専門的な内容となると、英語ではなかなか理解できなかったのだ。そこで急遽日本から通訳5名を応援で追加派遣せざるを得なくなった。海曹士、すなわち帝国海軍の下士官であった学生は英語は苦手だが、術科成績は学校始まって以来の好成績で卒業を迎えることになるのである。

海自初の潜水艦「くろしお」引き渡し

6月14日、長い学校生活も終わり、最終テストが行われた。翌15日に卒業式予行済ませ、16日、大西洋方面艦隊司令官、大西洋潜水艦隊司令官を来賓に迎え、おごそかに卒業式が執り行われた。各自アルファベット順で壇上に上がり、潜水艦隊司令官より卒業証書を授与され、エレクトリック・ボート社よりネクタイピンがプレゼントされた。海曹士の課程では、米軍でも例の少ない術科の成績で最高点を取得して卒業することができた。

6月20日、ニューロンドンを出発し、空路大陸を横断、翌日にオークランドに到着。バスでメアーアイランド海軍工廠に到着した。ここで「くろしお」となる米潜水艦「ミンゴ」による訓練、陸上施設での訓練を開始するのである。

主な訓練はレクチャーを2回5時間、ダイビング・トレーナー訓練8回12時間、陸上の襲撃訓練装置による訓練が5回10時間、魚雷の装填や発射訓練が7回14時間、制御盤訓練が7回14時間や「ミンゴ」で魚雷搭載訓練、エンジンの発停訓練、バッテリーの整備や充電の訓練など、より具体的な内容を学んだ。

また訓練と併せて、補給業務も重要な仕事である。リストに基づいて米側が供給の責任を担う。予定されているサンディエゴに移動後は訓練に重点が置かれるため、当地において補給の大部を完了することを目途とした。6月27日から7月17日までの間、休日と「ミンゴ」出撃を除く11日間で、水雷、砲術、船体、航海、電子、衣糧、医務、主機、補機、電機、GSKの11班に分かれて補給を開始した。

「ミンゴ」による訓練と補給を終えた派遣隊は、二手に分かれてサンディエゴに向った。7月18日、森永艦長以下幹部4名と科員30名は「ミンゴ」に便乗してメアーアイランドを出港、翌日サンディエゴに到着した。別働隊、連絡班を含む幹部11名、科員41名は陸路1日遅れでサンディエゴに到着した。

7月22日から8月10日まで、隊員の2／3は「ミンゴ」で碇泊訓練、出動訓練、潜航訓練などの反復演練を行い、1／3の隊員は母艦にあって補習教育、魚雷調整等を行い、休養をとった。

かくして8月15日、サンディエゴ軍港の海軍桟橋で盛大に引渡し式が挙行された。米国国旗降下、米国乗員退艦、日本側乗員乗艦、自衛艦旗掲揚と式は厳粛に実施され、SS501「くろしお」と命名された。ちょうど10年のブランクを経て、ついに海上自衛隊に潜水艦が誕生したのである。

初代艦長になった森永1佐は、上甲板に全員を集合させ、「潜水艦乗りは言われたことをコツコツとクソ真面目にやれ」と噛んで含めるような艦長訓示を行った。これを聞いた隊員の中には、これ以後、コツコツと真面目に任務を遂行してきたという潜水艦乗りが少なくない。

8月22日から9月7日までの3週間、出動訓練が行われた。米側からは機関長と下士官10名が派遣隊の訓練、指導、連絡等を務めてくれた。その後も整備を続け、食糧などの補給品を搭載して、9月27日9時、日本に向ってサンディエゴを出港した。

出港の前日、米潜水艦隊司令官が幹部一同に対して壮行会を開いてくれた。その席上米司令官は森永艦長に、日本への帰途に潜航訓練を行うかどうか訊ねた。森永艦長は「もちろん日施潜航訓練を行う」と答えたところ、司令官は「それを聞いて安心した。潜水艦を引き渡した他国の艦は途中潜航せずに帰途についている。さすが日本海軍である」と激励の言葉を送ったという。

昭和31年2月22日から3月7日まで、横須賀で入渠中の「くろしお」。当時のドックを俯瞰しためずらしく貴重な写真である（写真／海上自衛隊）

10月5日、「くろしお」はハワイ入港、すべての行事を終え、10月11日、一路横須賀を目指して出港した。途中は特に大きなトラブルもなく、10月24日、小雨降りしきる中、無事横須賀に入港した。実に10ヵ月に及ぶ大事業であった。

翌25日、海上幕僚長の公式訪問を受け、横須賀地方総監とともに森永艦長から現状報告を行う。後甲板に整列した乗員一同に対し、海上幕僚長から「先に航空機が貸与され、今また訓練に不可欠な潜水艦が艦列に加わった。数こそ少ないがこれで海上、水中、航空の立体的訓練が可能になった。今度とも諸官のたゆまざる練磨を望む」と訓示を受けた。

旧海軍の潜水艦乗りが見た「くろしお」

「くろしお」は日本海軍の潜水艦と比較すると海大7型に近いといわれたが、最も大きな相違点は機関にあった。日本海軍の潜水艦は、ドイツの影響を受け、ディーゼル機関と推進軸を直結し、間に発電機兼発動機を組み込む方式であった。それに対し米海軍は推進軸に直結していないディーゼル機関で発電し、電動機に電機を送って推進軸を回すディーゼル・エレクトリック方式を採用していた。その後の海上自衛隊の潜水艦も同様の方式を今日まで踏襲している。

また第3代と第6代の艦長を務めた今西三郎（海兵67期／呂63潜セカ、伊367潜セカ）によれば、魚雷発射管が艦首に6門、艦尾に4門あり、当時どこの海軍の潜水艦より重装備であった点が印象深いという。操艦については、特に問題がなく、逆に後進の操艦については日本の潜水艦より艦尾が安定していてやりやすかったという。

初代機関長の伊藤久三によれば、機関はディーゼル機関車用のエンジンを使用していて大量生産に適し、保守も日本海軍の機関より容易であったという。また艦内の海水管についても銅とニッケルの合金であるモネルメタルを使用しており、腐食、漏水の心配が少ない点や、人造ゴムを使用したパッキンも漏気、漏水の恐れがほとんどなかった。日本海軍のパッキンは天然ゴムだったため磨耗が早く、漏水に苦労した機関科の伊藤氏ならではの指摘である。

さらに終戦直前、潜特型伊400潜の電機員だった高塚一雄は米国の潜水艦を見て、その居住性の違い

昭和31年3月、入渠中の「くろしお」。いかにも大戦中の潜水艦らしい、水上航走重視型の先端船体部の形状に注目。艦首には6本の魚雷発射管を備える（写真／海上自衛隊）

瀬戸内海の穏やかな景色に停泊する「くろしお」。昭和31年、セイル前面にあった「シガレットデッキ」を廃し、セイルが大型化された。航洋性を重視した幅の広い甲板がよく分かる（写真／海上自衛隊）

に驚かされた。当時世界最大の潜水艦だった伊400潜ですら下士官兵の寝るところは、寝台があるのは上下士だけで、それ以外は毛布を引いて雑魚寝をしていた。食事をするテーブルもなく、無論シャワーも洗濯機もなかった。

それに比べ「ミンゴ」は小さくても寝台があり、シャワーも洗濯機もあった。空調や造水装置が優れている点も注目された。日米の潜水艦乗員に対する待遇の差が如実に現れていたのである。

「くろしお」の貸与により海上自衛隊の潜水艦部隊はスタートしたものの、発展途上の道は険しかった。その後昭和35（1960）年に戦後国産第1号の潜水艦「おやしお」が竣工するまで、本艦が我が国唯一の潜水艦だったのだ。そのため1隻しかない潜水艦に対する要求は後を絶たず、対潜訓練目標、要員養成、教務協力、

昭和46年頃の呉第2潜水隊の3隻。手前から「くろしお」、SS565「あらしお」、SS561「おおしお」。奥には輸送艦LST4001「おおすみ」や、護衛艦「くす」型も見える。潜水艦乗員の家族を迎えた見学が行われているのか、後甲板には多数のご婦人方の姿がある（写真／海上自衛隊）

実験協力、広報活動と、文字通り東奔西走の活躍であったが、後方支援体制はまだまだ不備な状態にあった。

しかし、対潜訓練目標艦任務は常に最優先されたので、海上自衛隊のＡＳＷ（対潜水艦戦）能力向上に大きく貢献した。たとえば第9代艦長藤井信之が艦長在任中の2年余り、潜航回数は実に１１６２回に及んだと書き残されている。だが、「くろしお」は単にターゲットサービスとしての功績を残しただけではない。その一例としてこんな話がある。

当時、米海軍からそのノウハウを受けて設立された潜水艦を追いかける側が学ぶ対潜学校という学校があった。その草分け的存在である植田一雄（兵74期／甲標的艇長）は、護衛艦「はたかぜ」対潜長（後の水雷長）からの訓練の要望で、「くろしお」の藤井艦長を訪ねた。ところが簡単に承知してくれない。挙句に「いつまでもお前達の訓練目標艦ではない」とはねつけたというのだ。

植田も個人的な頼みで依頼しているわけではないので、簡単には引き下がれない。何度かの押し問答の末、やっとのことで訓練の段取りが合意できた。植田はその時の藤井艦長の想いとして、「くろしお」を単なる訓練目標艦だけではなく、将来の海上自衛隊潜水艦部隊の発展を常に意識していたのではないかと回想している。

米潜水学校でも一目を置く存在だった、日本海軍の潜水艦乗り――。確かに米海軍の潜水艦運用や技術を大幅に取り入れ、大きな影響を受け、海上自衛隊の潜水艦部隊の礎を築いた。しかし、その「どんがめ」精神においては日本海軍の流れを組んで再スタートしたといえる。

役目を終え、解体される「くろしお」。写真右手が艦首側。艦橋前部の拡大された部分がよく分かる。手続きとして一度米国に返還後、佐世保にある業者にスクラップとして払下げ、佐世保市内で解体作業が実施された（写真／海上自衛隊）

東西冷戦構造下で迎えた原子力潜水艦時代

「くろしお」が海上自衛隊の潜水艦としてスタートを切った1950年代は、昭和28（1953）年に朝鮮戦争が終結し、東西冷戦構造の固定化した時代といわれた。1956年にはスエズ危機、1958年にはレバノン、インドシナ、台湾海峡などの地域紛争、1959年にはキューバに親ソ連のカストロ政権が誕生した。

朝鮮戦争終結の翌年、「くろしお」が海上自衛隊に加わる前年の1954年に、米海軍が世界初の原子力潜水艦「ノーチラス」を就役させた。試験艦としての意味が強く同型艦はない。続く1957年から

1959年にかけて、初の実用原潜「スケート」級が4隻建造されたが、コストを重視するあまりか水中速度が不足しており、続く1959年から「スキップジャック」級が就役を開始すると、ようやく本格的な原子力潜水艦が登場することとなったのである。同級は後に海上自衛隊に影響を与える、涙滴型船型を特長としており、1961年までに6隻が竣工している。

一方でまだまだ試行錯誤の時代でもあり、航空母艦に随伴し、レーダーピケットの役割を担う高速・大型の潜水艦として建造された「トライトン」は、航空機の発達によりその意義が薄れ、1隻のみの建造で終わったりもしている。

そして米海軍から遅れること4年、ソ連は1958年に初の原子力潜水艦「ノヴェンバー」級1番艦を就役させる。潜水艦先進国では、本格的な原子力潜水艦時代を迎えようとしていたのである。

これに対して日本は、1943年に竣工した第二次世界大戦時の、それも古いタイプの潜水艦から潜水

上／戦後潜水艦史の中で歴史的転換をもたらした原子力潜水艦第1号艦「ノーチラス」。試験的要素が高いため、同型艦はない。写真は1958年の改造前と思われる（Photo/USN）

左／米海軍涙滴型は「アルバコア」に続いて、量産型の「バーベル」級、「スキップジャック」級へとつながる。写真は「スキップジャック」級3番艦「スコーピオン」の進水式。米軍のSSNは以後さらに大型化していく（Photo/USN）

艦部隊を立ち上げなければならなかった。潜水艦関係者は用兵者、技術者ともに多数生き残っていたものの、極めて前途多難なゼロからのスタートであったといえる。

国産潜水艦建造への困難な道程

昭和27（1952）年8月、防衛庁の前身である保安庁がスタートし、艦艇部隊の訓練が始まった。しかし主力となるのは、旧海軍からの移管や、米海軍から貸与されたPF（パトロール・フリゲート）、LSSL（水陸両用戦用艦艇）などでしかなかった。

しかしそれと併行し、昭和28年度予算では、早くも16隻の国産による艦艇建造予算が認められた。その内訳は警備船（後の護衛艦）5隻（「あけぼの」「いかづち」「いなづま」「はるかぜ」「ゆきかぜ」）、掃海艇3隻（「あただ」「いつき」「やしろ」）、魚雷艇6隻（魚雷艇1号～6号）、敷設艦艇2隻（「つがる」「えりも」）である。当時まだ名称は「艦」ではなく「船」であり、敷設艦は工作船、敷設艇は大型掃海船等と称していた。

こうして予算はついたものの、建造にあたる海軍時代の工廠はすでになく、これらの艦艇の建造は民間の造船所、石川島重工、川崎重工神戸、三井造船玉野、三菱造船長崎、三菱重工神戸、日立造船、日本鋼管鶴見等で行われることになった。基本設計については本来技術研究本部が担当するべきであったが、いまだ困難ということで牧野茂（元海軍艦政本部第四部設計主任）が常務理事を務めていた船舶設計協会に発注された。

しかし潜水艦の国産となると話は別で、大きな壁が立ちはだかっていた。第二次世界大戦における米潜

戦後初の国産潜水艦「おやしお」。水中性能を考慮し、複雑な構造物のない美しい艦容である。竣工時船体は垂直面が灰色、水平面が黒色であったが、後に全艦黒色になる（写真／海上自衛隊）

水艦やドイツ潜水艦の活躍により潜水艦は攻撃兵器と目され、自衛隊は防衛兵器のみ保有するという見地から、内局は潜水艦保有は不賛成、との見解であった。そこで当初潜水艦は、あくまで「訓練用の水中目標艦」として保有することで了解を取り付けることになる。

この間、潜水艦の建造経験がある川崎重工、新三菱重工の両社は終戦で散じた潜水艦建造の技術者を集め、また海軍呉工廠の経験者にも声をかけて、民間の「潜水艦懇談会」を発足させていた。近い将来国産の潜水艦建造は可能性ありと踏んだのであろう。

昭和29年7月、防衛庁、海上自衛隊が発足。同年9月、海幕に水中兵器研究会が発足し、官側でも本格的な国産潜水艦の研究がスタートした。研究会メンバーは内局、海幕、技本を中心に、民間からは川重、新三菱などから、船体構造や電池の専門家が加わっていた。

船舶設計協会からは、大型（1000トン）、中型（500トン）、小型（250トン）の3案の設計原案が提出された。安全性への考慮から、安全に関わる機器の搭載に余裕があり、耐波性も高い大型が選択され、日本海軍の水中高速艦として建造された「潜高型」に近い内容で設計を進めることとなった。船舶設計協会から提示された１０００トン型の船体は先進的で、後の涙滴型に近いずんぐりした一軸艦であったが、用兵側に受け入れられなかった。その結果、技研で設計し直されたセミ・ダブルハル（部分複殻式、半殻式ともいう）、２軸艦で落ち着いた。

艤装面では日本海軍と米海軍の方式が比較検討され、優劣が少ない場合は米海軍式を採用することが基本方針として定められた。要求性能は、排水量１０００トン、水中速力19ノット、安全潜航深度１５０ｍで、昭和31（１９５６）年度予算において建造が認められ、当時の金額で27億２０００万円が予定された。

海自潜水艦はいかにあるべきか？ 艦種の検討

一方で用兵側からも将来の海上自衛隊の潜水艦はどうあるべきか検討が進められていた。海上自衛隊における潜水艦の運用については、水上艦艇、航空機の充足に対して著しく遅れたといわれている。それはとにもかくにも、日本海軍の潜水艦がほぼ壊滅した状態で終戦を迎え、なおかつ戦後における諸外国の潜水艦史上最大の革新的躍進期において、終戦以降の約10年間が空白となっていたためだ。これは用兵的にも技術的にも大きな断層を残したといえよう。そのため戦後初の国産潜水艦竣工前後においても、根本方針、ならびに当面建造すべき潜水艦について、なかなか意見の一致を見なかった。

とはいえ、実際問題として、当時の日本の国力の制約上、多数の潜水艦の建造は困難であった。そこで海上自衛隊の潜水艦の艦種は、できるだけ同一艦種で、各種用法を兼用させることを主として検討された。具体的には、次の四種類の潜水艦を検討すべきとしている。

①攻撃潜水艦

主任務は交通破壊戦。攻撃目標は敵商船及び水上艦艇を主とし、潜水艦を副とする。

②対潜潜水艦

主任務は敵潜水艦の捕捉・攻撃。攻撃目標は敵潜水艦とし、敵商船及び水上艦艇を副とする。

③GM潜水艦

GM（誘導ミサイル：Guided-Missile）の発射及び誘導を主任務とする。潜航したまま発射できるUSM（水中対地ミサイル：Underwater to Surface Missile）が出現するまでは浮上発射を余儀なくされるので対空、対水上警戒力、急速浮上潜航能力も要求される。

④目標（沿岸防御）潜水艦

航続力及び耐久性を多く要求せず、索敵能力、水中機動力、攻撃力を重視。小型化することで被発見の危険が少ないという利点がある。

以上のプランは初の国産潜水艦を建造するにあたっての計画案というより今後の海上自衛隊の潜水艦はどうあるべきか、という点において整理されたものである。しかしその後の建艦史を見ると、以上のようなタイプ別潜水艦を保有することはできず、汎用性のある潜水艦を一型式建造し、そこに新技術を導入していく形態がとられていく。

後に「おやしお」と名付けられることになる戦後初の国産潜水艦の建造では、潜水艦の船体、機関及び兵器のすべてを国産とする方針で研究・設計をスタートさせた。これはその後60年以上にわたり踏襲されてきた海上自衛隊潜水艦建造の基本で、この時点では一から研究開発をスタートしなければならないことを意味した。

試行錯誤の研究開発と渡米調査団の迷い

当時の主要な研究は、技本第五研究所（現防衛装備庁艦艇装備研究所）が中心となって行い、発射管を加圧試験水槽に組み込み、どこまで発射管深度を深くできるか調査したり、内殻強度試験などが実施された。最終的に初の国産潜水艦では、外圧が増加した場合助骨とともに圧壊する「セルコラプス」構造を採用される。

水中高速性能を発揮するためには、高放電・大容量の電池の開発も欠かせない。当面日本海軍最高の電池と称された一号三三型甲に匹敵する電池の開発が目指された。元日本海軍の電池の権威を集めて研究委員会が組織され、民間の日本電池、湯浅電池の研究部長も委員会に加わった。両社は互いの企業機密を守りながら試作を実施し、より寿命が長い湯浅電池が採用された。

米国から貸与された「くろしお」の影響も大きい。技術面だけで見ても、鋼製上甲板、注排水弁のないメインタンク、タンク底に達する低圧配水管、両面に蝶弁のある隔壁通風弁、伝声管に代わる電話など、これらの技術導入は、戦後の潜水艦が旧海軍の伝承より、アメリカ式に方向転換したことを物語っている。

昭和29年末、ついに戦後国産第一号潜水艦の基本設計案がまとまった。この時点で、すでに「くろしお」貸与を経て米潜水艦関係者との関係が築かれたこともあり、新潜水艦における米国の意見を参考にするた

「くろしお」はほぼ10年で現役を引退、解体された。短い期間であったが、国産潜水艦建造への参考と、乗員の教育・訓練、対潜訓練のターゲットサービスと創世期の海自潜水艦部隊に大きく貢献した（写真／海上自衛隊）

め、調査団が渡米した。

調査団のメンバーは団長に吉松海将補、筑戸2佐（幹事）、寺田1佐（造船）、鯨井2佐（機関）、堀技官（水雷）、伊藤技官（電気）、新三菱重工、川崎重工各1名という計8名。これにワシントンで鮫島防衛駐在官が合流した。

調査団が米海軍省艦船局を訪問した初日、一通りの挨拶や自己紹介の後、本題に入るや否や米側は単刀直入に次のように質問した。「日本が建造しようとする潜水艦は水中行動を主とするのか、水上行動を主とするのか」。これに対して吉松団長は「水上も水中と同様に重視する潜水艦である」と答えた。この回答は米側にとって意外だった。なぜなら米国は太平洋戦争での潜水艦戦で、潜水艦が水上でいかに無力であるか、あるいは危険であるかを痛感し、水中能力を向上させる努力してきたからだ。米国以上に深刻な損害を蒙った日本が、いまだに水上を重視する考えを捨てずにいたことを意外に思ったのである。

しかし一方で戦後日本の潜水艦はゼロからのスタートである。一気に水中性能を追求していくのは技術的にも用兵の立場からも時期尚早と考え、まずは基礎を固めるためにも水上・水中を双方重視するという考え方もありうる。その反面、米国が推進している新しい水中性能を重視する潜水艦こそ知りたかった内容であり、調査団の目的であるとの意見もあった。

実際、調査の日程終了後、日本調査団を案内した米士官が海軍長官へ挨拶に行った際、長官は「アルバコアの資料を渡したか」と聞いたという。米士官は「日本側は不用であるようなので渡さなかった」と答えた。この「アルバコア」こそ、初めて涙滴型の船体を採用し、水中能力の向上のみに重点をおいて開発した実験潜水艦で、日本側に推奨する意向で資料を用意していたといわれる。海上自衛隊がアルバコアの採用した涙滴型の国産潜水艦を建造するまで、さらに10年を要することになる。

涙滴型の先駆けとなった実験艦「アルバコア」のポーツマス海軍造船所における進水式。同艦は10年にわたり潜水艦の海中行動における多様なデータをもたらした。その功績を称え、今もポーツマス港海事博物館に展示されている（Photo/USN）

戦後初の国産潜水艦「おやしお」竣工

実際の建造では、当時の日本造船界の全知能を結集して行われたといっても過言ではない。潜水艦船殻の世界的権威である徳川武定元海軍技術中将、電池の第一人者名和武元海軍技術中将、かつて呉海軍工廠

昭和34年5月25日、川崎重工神戸工場で進水式を迎えた「おやしお」。以後今日まで、海上自衛隊はすべての潜水艦を国産で建造するアジアで唯一の存在となった（写真／勝目純也）

造船部潜水艦部部員だった寺田明元技術少佐、緒明亮乍技術少佐、川崎重工の操艦課長で、米重巡「インディアナポリス」を撃沈した、兵学校59期の橋本以行元伊58艦長、さらに技本に片山有樹元技術少将が顧問に入り、設計作業は盤石といわれた。

艤装員長には初代艦長となる荒木浅吉が着任した。荒木氏は兵学校64期、呂59、伊363の艦長を務め、実戦をくぐり抜けてきた生粋の潜り屋である。副長には機関学校50期、伊53の機関長で、後に海幕副長になった時忠俊、水雷長は兵学校71期、波216の艦長だった八十島奎三、航海長は「くろしお」回航で通訳として活躍し、海幕随一の英語の達人であり、後の初代潜水艦隊司令官となった安陪祐三など、有能・多彩な人物が集まった。初代艦長の荒木氏は回想録で「もったいないような人材を集めることができた」と語っている。

建造にあたっては、全溶接ブロック建造方式が採用され、内部構造の溶接金属部はグラインダー仕上げ（粗いチッピングの後、主にグラインダーで溶接の波形状を削り取り、ならして形を滑らかにし整える）として、レントゲンによる亀裂検査を実施した。ところが、全内殻ブロックが完成し、その大半が船台に搭載された昭和33年5月、潜望鏡貫通ハットと内殻板の溶接部に亀裂が発見された。

ただちに船体工事が中止され、全溶接部を確認したところ、なんと驚くべきことに、3枚の耐圧横壁の3枚ともに亀裂が発見されたのである。川重ではこの原因の究明に1ヵ月もの時間を要した。原因は以下のようなものであった。船体の溶接に当たっては、内側と外側の両面から溶接するが、最初に溶接した側の反対側を溶接する際には、まず先に溶接した箇所の金属カスを削り取ってから溶接していた。ところが、このカスを削り取る際、溶着金属まで削り取ってしまっていたため、後からの溶接金属の方が大きくなり、冷却収縮力に耐えられず、先に溶接した箇所の亀裂を招いていたのである。そこで最初の溶着金属を大きく盛り上げ、その不均衡を解消した結果、亀裂は発生しなくなった。

このような困難を乗り越えて、戦後初となる国産潜水艦は、昭和34年5月25日、ついに無事命名・進水式を迎え、ＳＳ５１１「おやしお」と命名された。この「おやしお」から、海上自衛隊の国産潜水艦の歴史が始まったのである。

ないないづくしの呉潜水艦基地隊新編

進水式を終えた「おやしお」の艤装が進む中、潜水艦要員を訓練するための部隊の編成も進められた。昭和34年9月、呉地方総監部に呉潜水艦基地隊開設準備室が新編され、準備室長には海軍機関学校49期、

公試中の「おやしお」。昭和34年12月から水上運転、翌年1月から潜航試験が行われ、終末運転を経て、約半年の試験後、昭和35年6月に竣工した（写真／海上自衛隊）

伊56機関長を務め、戦後も潜水艦部隊創設に尽力して、後に初代第2潜水隊群司令となる伊藤久三が指名された。翌昭和35年2月、準備室は正式に呉潜水艦基地隊として新編される。

基地隊の最も重要な役割は潜水艦要員の教育である。当初は江田島に潜水艦要員の教育施設を作ることも検討されたが、実際の潜水艦が近くにあった方がよかろうということで、呉に収まった。

教育内容はともかく、施設においては全くゼロからのスタートであり、設備はほとんどが手作りで準備が進められた。伊藤はできるだけ気持ちのよい教育が受けられるようにと配慮し、机、ロッカーも補給長に頼み、必要とする器具を絵で書いて作らせるか、探させたという。潜水艦の発令所を本物そっくりに作り、浮上や潜航を再現するため実際に上下運動するシミュレーター、ダイビング・トレーナー（「ダイトレ」と称される）も昭和35～36年度で完成した。

さらに主制御訓練装置、電池実習場、主機実習場など、差し当たって必要な機材のすべてを整備し、予算は当時の2億円に達した。また、基地隊には要員教育のほかにも潜水艦支援の役割があったが、この時点ではほとんどその余力がなく、出入港の際にもやいを取る程度の支援しか行えなかったという。後に初代呉潜水艦基地隊司令が着任したときには、「こんな所で教育ができるか」と言われたというが、ないないづくしの中、当時の隊員はまさしく死に物狂いで開設準備を続けたのであった。

「おやしお」建造が与えた教訓

一方「おやしお」は、昭和34年12月1日、第1回水上公試を開始する。出港にあたっては、建造にあたる会社側の人員みならず、自衛官である監督官も背番号つきの作業服を着用した。これは万が一の事故で沈没した際、遺体の確認を容易にするためであった。幸い総員の努力により大きな事故もなく、7回の水上公試は順調に終わり、続いて潜航公試が紀伊水道で行われた。

この潜航公試では給気筒潜水弁の開閉表示盤が反対に取り付けられていたことで、給気筒に約1トンの浸水があったりしたが、大きな事故には至らず、14回に及ぶ水中公試は終了した。3月8日に深々度公試、3月24日に水中高速公試と公試は順調に進み、「おやしお」は当初予測していた性能より高い数値を示し、関係者一同、胸をなでおろした。昭和35年6月15日、38回にも及ぶ水中公試を終え、6月30日、ようやく「おやしお」は引渡式を迎えることになる。この日、ついに国産の潜水艦が海上自衛隊に加わったのである。

ところが、就役直後の「おやしお」は各部に故障が相次ぎ、特に電池の故障に悩まされた。しかし電池

太平洋戦争中の潜水艦とうってかわりスリムになった「おやしお」。ブランクが10年あったにもかかわらず優秀な艦で、旧海軍潜水艦関係者からは、戦争中にこの艦があればと言わしめた（写真／海上自衛隊）

関係が改善された次年度からは、その優秀な性能を遺憾なく発揮、海軍出身者に「戦時中にこんな潜水艦があったらあんな惨めな負け方はしなかっただろう」と言わしめた。そして、今後改善すべき多くの知見を提供することになる。

その主な内容としては

①同排水量程度の潜水艦に比べて燃料の搭載量が少なく、また同程度の搭載量に対して航続距離が少ない。1日の燃料消費を5トンと仮定しても水上航走持続日数は20日程度に過ぎない。行動日数40日との隔たりがあまりに大きい。

②主機械の発生馬力が少ない。同程度の潜水艦に比べて半分以下である。これは水上速力が低く、充電能力も低いことを意味している。

③シュノーケルは給気筒のシールポイントが一箇所であるため浸水の危険が大きく、給気筒排水所要秒時が伸び、機械の始動が遅れる。また給気管の浸水状況を確認するための覗き窓と、大浸水を急速に止めるための急速仕切り弁

昭和37年11月、魚雷実用実験を行う「おやしお」のめずらしい写真。「おやしお」の潜舵は格納方式で、格納レセスが見える。上甲板は海上自衛隊の潜水艦としては最初で最後の木甲板であった（写真／海上自衛隊）

が保安上絶対必要である。

④「おやしお」の航続距離は水上10ノットで5000浬、シュノーケル航走8ノットで2300浬と計画されている。水上航走10～12ノットで行う場合、1時間あたりの燃料消費は約200kgで、潜航哨戒中は1日約5時間のシュノーケル充電が必要され、この場合の毎時燃料消費も約200kgである。水上航走を持続する場合、1日の航程は約240浬、燃料消費は4800kgである。従って、燃料搭載量111トンの持続日数は約28日に過ぎない。また日本の沿岸100浬以遠においては、水上航走はほとんど不可能で、主としてシュノーケル航走によらなければならない。また敵情によって配備点に直行できないことを考えると、「おやしお」の行動範囲は1000浬以内に限定される。

⑤隠密性、特に静粛性能への対策は極めて不十分であり、根本的な対策を講ずる必要がある。そのためには、船体抵抗を少なくして過流によ

荒波の中、水上航走中の「おやしお」。本艦から水上速力と水中速力が逆転した。すでに船体は黒一色に塗り替えられている。艦先端の突起物がJQO-1ソナードームである（写真／海上自衛隊）

る音響の発生を防ぐ。搭載機器には妨振ゴム、スプリング等を全面的かつ徹底的に装備する。パイプ類の屈曲部をなるべく少なくし、あってもなるべく90度として、必要な箇所はゴムパイプ等により音響衝撃を絶縁する。潜横舵操縦において高圧の油圧を直接舵軸に加え、操舵機構を小型にするとともに、電動機油圧回転機等の騒音源を除去する。艦内居住区、通路には防音敷物を敷く。

以上のような主要な項目だけでも多数の課題、問題点が挙げられた。これらを一つ一つ地道に改善し、次の建造潜水艦に活かすことにより、日本の潜水艦は性能向上を図っていくことになる。

こうした教訓とともに、「おやしお」は以後16年にわたって活躍、その生涯において13人の艦長が着任し、「誇り高き雰囲気を持つ艦」として乗員から親しまれた。

米ソによる戦略原潜時代の到来

国産潜水艦の1番艦「くろしお」が就役した昭和35年は、日本の高度成長期にあたる。年平均10％という驚異的な経済成長を遂げ、日本は敗戦国から世界的な経済大国への道を歩み始めていた。一方で世界情勢に目を向けてみると、昭和36（1961）年にはアメリカがベトナムへ軍事顧問団を名目として派兵を開始、ベトナム戦争が本格化するとともに、東西の対立もますます混迷の度合いを深めていった時代である。ちなみベトナム戦争は厳密にいうと開戦の日時が明確ではない。真珠湾攻撃であれほど宣戦布告にこだわった米国だが、ベトナム戦争では宣戦布告がなされていないのだ。

日本がようやく初の国産潜水艦を戦列に加えようとしていた頃、米海軍では早くも世界初の戦略原潜が登場していた。これが1959年に就役した「ジョージ・ワシントン」級である。水中速度22ノット、射程1200浬のSLBM（Submarine Launched Ballistic Missile：潜水艦発射弾道ミサイル）を16基も搭載しており、潜水艦による核抑止力が現実のものとなる。

一方、ソ連海軍も戦略原潜とSLBMに着手し、1960年に「ホテル」級を就役させる。水中速力26ノット、射程

1959年6月、世界初の弾道ミサイル潜水艦「ジョージ・ワシントン」級の1番艦が進水した。セイルの後方にミサイル発射筒を装備するレイアウトは、以後米ソで長く採用されることになる（Photo/USN）

米海軍の初の本格的攻撃型原潜「スレッシャー」級。写真のSS593「スレッシャー」は後に沈没事故を起こしたため、同級は別に2番艦の名をとり「パーミット」級ともいわれる（Photo/USN）

768浬（当初は324浬）、SLBMをセイル後方に3基備えていた。しかしSLBMの技術については、当初米海軍に相当な遅れをとっており、特に小型化が大きな壁となっていた。

攻撃型原潜も進化を続けており、「スキップジャック」級の後継艦として、米海軍では1961年から「スレッシャー」級の就役が開始される。同型艦は14隻を誇ったが、1番艦「スレッシャー」が沈没事故を起こす悲劇に見舞われ、2番艦「パーミット」の名をとって「パーミット」級としても知られる。米ソの潜水艦による睨み合いはまだ始まったばかりの状態にあったが、日本の潜水艦はまだまだ沿岸での作戦が精いっぱいという状況にあった。

第二章

試行錯誤の時代

――ターゲットサービスからの脱却

「はやしお」型／「なつしお」型／「おおしお」／「あさしお」型

次期国産潜水艦に求められるもの

米海軍から貸与された「くろしお」がスタートし、「おやしお」でようやく国産潜水艦を配備した海上自衛隊潜水艦部隊は、以後、着実に国産化の歩みを進めていく。しかし「おやしお」以後、一次防で「はやしお」型、「わかしお」型、「おおしお」の5隻、二次防で「あさしお」型4隻が建造されたものの、まだ試行錯誤の時代が続く。本章では昭和30～40年代半ば（1950半ば～1960年代）までに就役した海上自衛隊の国産潜水艦第二世代までを整理していく。

さて、一章で既述の通り、国産初の海上自衛隊潜水艦「おやしお」建造後、改善すべきさまざまな問題が提起された。それとともに、海上自衛隊では今後建造する潜水艦艦種の検討がなされた。その過程では可能な限り同一の艦種で各種用法を兼用させることを主とし、次期国産潜水艦の艦種は以下のように想定された。

① 攻撃潜水艦と対潜潜水艦

攻撃潜水艦とは、一般海上交通破壊戦を主任務とするものである。攻撃目標は敵商船及び水上艦艇を主とし、潜水艦を副とする。対潜潜水艦は敵潜水艦の捕捉攻撃を主任務とするもので、攻撃目標は敵潜水艦を主として敵商船及び水上艦艇を副とする。

② GM潜水艦

GM（誘導ミサイル：Guided Missile）搭載潜水艦に要求される性能としては、誘導性能は無論のこと、水中航続力、機動力、艦位測定能力、通信能力が必要である。当時の技術では浮上発射を余儀なくされていたので、対空、対水上警戒能力や、急速浮上・潜航能力も要求されると考えられていた。しかし誘導ミサイルの重量、容積等の観点から、ＧＭ潜水艦は別途の艦種として発達するべきであるというのが海上自衛隊の結論であった。

ちなみに、急速潜航能力を向上させるため、古い乗員の記憶では昭和40年代まで「くろしお」などを使用して「突入訓練」（急速潜航の際、乗員が艦橋から素早く発令所へ駆け込めるようにする訓練）が実施されていたという。

③　機雷潜水艦

機雷潜水艦に要求される性能は、水中航続力、耐久力、機雷搭載敷設能力、艦位測定能力及び対潜警戒能力を主とし、その他攻撃潜水艦に要求される性能も望ましい。海上自衛隊に要求される機雷敷設は必ずしも大量敷設ではないため、機雷潜水艦として別個の艦種を計画するのではなく、必要に応じて攻撃潜水艦を転用する形で装備するのが適当であるとされた。

④　沿岸防御用潜水艦及び目標潜水艦

沿岸防御潜水艦は航続力、耐久力を減じ、その代わり捜索・索敵能力、水中機動力、攻撃力に優れていることが望ましい。しかし小型ゆえに耐波性が低く、日本周辺海域での運用にはおのずと限界があると考えられる。目標潜水艦はすなわち訓練用の潜水艦で、一般的には旧式潜水艦で代用される。しかし我が国は当時旧式潜水艦ですら乏しい現状にあったため、対潜目標に特化できる潜水艦の所有が望まれた。そこで平時の際には訓練目標艦として活動し、有事の際に沿岸防御用の潜水艦として活躍する方法の検討が必要とされた。

導き出される新型艦の要求性能

海上自衛隊の潜水艦が活躍する海域は、当時主に日本海、オホーツク海と、日本の沿岸である。そのため厳重な対潜警戒下にあり、狭い内海が多いことから、具体的な艦型は耐波性の許す限り小型がよいとされた。基準排水量にして約600トンから約1000トン程度で検討が進められた。

水中行動力は、可能な限り高速が望ましいが、原子力推進は望めないことから電池力による頼らざるを得ない。それでも当時の水上艦艇のソーナー（ソナー）が有効に使用できない19ノットから20ノットが必要とされた。そのために逆算すると、4群48個程度の電池が必要となり、1600トン程度の船体が必要となる。ところが、想定されている600トンから1000トンの艦型では、15ノットが限界とされた。つまり水中高速か小型化か、どちらをとるか選択しなくてはならないことになる。

潜航航続力はスノーケル（シュノーケル）の性能が重要である。海上自衛隊の潜水艦は敵の警戒厳重な狭い内海で行動する必要性があることから、電池により最小でも300浬から400浬行動でき、なおかつスノーケルによる充電時間が短時間であることが求められた。

安全潜航深度は潜水艦の最重要機密なので、現在でも全く開示されていない。水中速度15ノット程度であるとするなら、当時のレベルとして深度150mから200mが要求されたもの推察される。

航続距離についてはおおむね6000浬あれば種々の作戦要求を充たすことが可能とされ、沿岸防御用

昭和37年1月に撮影された建造中の「はやしお」型2番艦「わかしお」。「はやしお」型2隻、「なつしお」型2隻は、それぞれ1隻ずつが新三菱重工神戸造船所、川崎重工神戸工場で建造された（写真／海上自衛隊）

の潜水艦の場合では半分の3000浬で差し支えないとされた。

センサーは特に聴音機ECM（Electronic Counter Measures：電子対抗手段。主に敵の電波を妨害する）の発達が望まれた。ECMは敵の使用しうる各種波長に対し、直ちに応じられることとし、聴音機は高周波、低周波両域の広範な測的が可能で、かつその感度も極力鋭敏なものが必要とされた。

攻撃力は言うまでもなく、まず魚雷である。魚雷には高速と遠距離射程、三次元誘導、深々度発射が要求され、GM（誘導ミサイル）には遠距離射程、高速、誘導の簡易化、正確さが求められた。

隠密性はタンク類の漏洩防止、推進器のキャビテーション対策、欺瞞装置の検討などであるが、この時点ではまだ後に大変な労力と予算を必要とした、静粛対策については触れられていない。

以上の検討から、要求性能として整理されたのは以下の潜水艦である。

・小型SSK　約900トン
・攻撃型SSK　約1300トン～約1500トン
・攻撃型SSG　約1800トン～約2000トン

SSKは対潜潜水艦、SSGはミサイル潜水艦を表す。つまり、小型SSKは前述④の沿岸防御用潜水艦及び目標潜水艦、攻撃型SSKは①の攻撃潜水艦と対潜潜水艦、攻撃型SSGは②のGM潜水艦にあたる。

この要求性能に対し、結果的には、小型SSKとして「はやしお」型と「なつしお」型、攻撃型SSKとして「おおしお」「あさしお」型が建造される。ただし、攻撃型SSGは多少遅れ、後に涙滴型「うずしお」型として実現することになる。

「おやしお」が明らかにしたさまざまな課題

海上自衛隊としては、次期潜水艦は単なるターゲットサービス（訓練目標艦）としてだけではなく、乗員の訓練や潜水艦対潜水艦のミッションも進めていく必要があることから、いずれにせよまずは保有隻数の増加を図る必要があった。しかし少ない予算の中、一度に多数の潜水艦を建造することは不可能である。そこで注目されたのが、小型艦構想が盛んになっていた米海軍の「バラクーダ」級である。

本級はK級ともいわれ、建造コストを抑えるために小型とし、静粛性能を重視して対潜攻撃を主任務とする潜水艦で、SSKに分類されていた。外観は大型のソーナーを収めた巨大な艦首のソーナー・ドーム

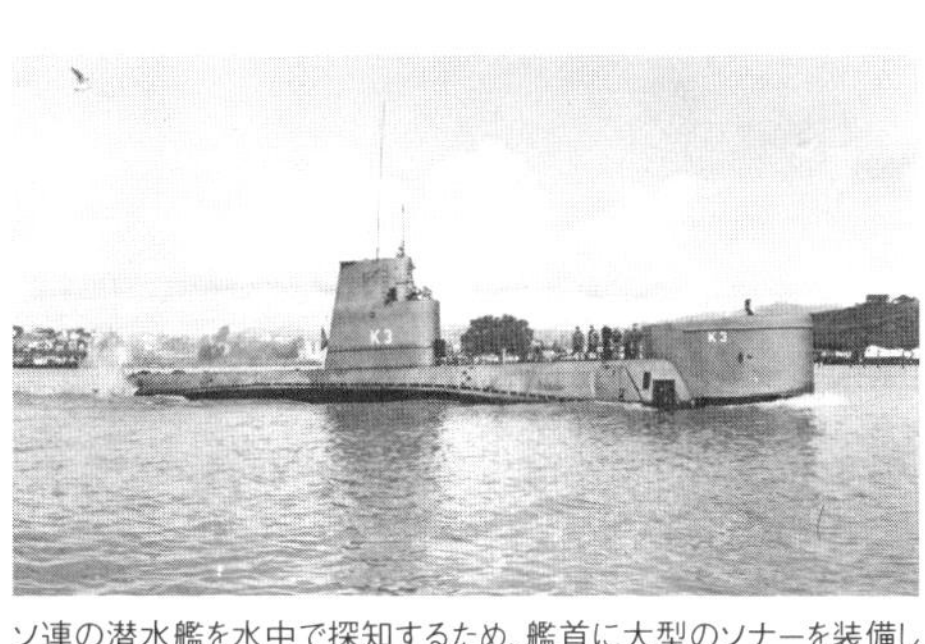
ソ連の潜水艦を水中で探知するため、艦首に大型のソナーを装備したK級。後に「バラクーダ」級ともいわれた。写真は3番艦の「ボニタ」(Photo/USN)

が目を引く。基準排水量765トン、水上速力13ノット、水中速力8・5ノットで、4門の魚雷発射管を備えていた。本級は昭和26(1951)年から就役を開始したが、対潜用として不十分であるとされ、早くも昭和32(1957)年から退役が始まり、昭和34(1959)年から訓練に使用されている。

しかし本級の情報を得た海上自衛隊は、これにならった局地防衛用小型潜水艦の建造を進めことになる。海上自衛隊にとって、必要な隻数を確保する上では魅力的なプランだったのである。

同時に、「おやしお」型における課題についても整理された。「おやしお」は戦後のブランクを経て建造されたとは思えぬほど、バランスのとれた優秀な潜水艦と評された。しかし、いくつかの問題点があった。まず航続距離の問題である。「おやしお」は同程度の排水量の潜水艦に較べ、燃料の搭載量が少なく、よって航続距離が短い。1日の燃料消費を5トンと仮定しても、水上航走持続日数は20日程度に過ぎなかった。また、主機械の発生馬力が低く、これは当時の同程度の潜水艦と半分以下とされる。

本格的に装備を開始したスノーケルにもいくつかの問題があった。給気筒はシールポイントが1ヵ所であったため、浸水の危険が大きく、給気筒排水所要秒時が伸び、結果として機械の始動が遅れる。さらにスノーケル給気管の機械室開口部は発電機、通風機のある場所で、浸水や湿気による悪影響を受けやすかった。また、スノーケル深度が浅く、作戦行動に制約を受けるという問題も挙げられた。

以上のような「おやしお」の課題を踏まえ、小型潜水艦を計画する際の利点・欠点が検討された。

まず、小型艦構想の基本的な考え方として、次のような小型艦の利点が挙げられる。

①経済上の理由。
②近海作戦のみであれば小型でよい。
③ＡＳＷ（対潜戦）用であるからソーナー以外の機器兵器は小型で済む。
④対潜ホーミング魚雷を使用するため発射管数は少なくてよい。
⑤小型であれば二直配備でよく、乗員数が少なくて済む。乗員養成のコストも抑えられる。
⑥水中行動が軽快で、波浪に乗るので荒天に強い。
⑦シルエットが小型であるから水中格闘に有利である。
⑧小型であれば旋回圏が小さく、水中行動が軽快。

しかし、用兵側すなわち現場からは反対の声が高かった。その理由として、次のような具体的な意見が挙げられた。

①日本近海は波高対波長が北大西洋に比べて高い。
・従って小型艦の場合、日本近海ではブローチング（後方から大波を受けることで船尾が持ち上がり、船首が傾いて操船不能となる状態）が起きてしまう。
・水中高速用の船型であるため、水上凌波性が悪く、荒天時は浮上航走が困難である。つまり荒天に遭遇するとスノーケルも水上充電も不可能になる。

②潜水艦の定員は三直にしないと身体がもたない。
③対潜哨戒を主に考えると必然的に重量容積大の低周波アレイソーナーを持たなければ意味がない。
④シルエットの大小は探信（アクティブソーナー）を対象に考えた場合であり、聴音（パッシブソーナー）では問題ない。
⑤聴音待機とするなら深深度潜航（250～300mそれ以上）が可能でなければならない。であれば船殻重量が大となる。
⑥近海作戦とはいえ、哨戒滞在期間4日～1週間よりも、2週間以上の方が、当直交代に音を出す回数及び期間が少なくて済む。
⑦以上の性能を盛り込んでいけば、必然的にトン数は1500トンをオーバーする。

ところがその頃、戦時中連合艦隊首席参謀として山本五十六連合艦隊司令長官から特に信頼を得ていた黒島亀人元海軍少将が防衛庁に出入りし、有翼小型潜水艦装備論を展開、海上幕僚監部にも小型潜水艦論が横行していた。または小型論を唱える人物が発言権の高いポストにあったためという説もあるが、こうした事情も大きな要因であろう、第一次防衛力整備計画（一次防）潜水艦として建造されたのは、昭和34年度計画で基準排水量750トンのSSK 2隻、昭和35年度計画で基準排水量790トンのSSK 2隻であった。

小型潜水艦「はやしお」型の誕生

昭和36年7月31日、2隻目の国産潜水艦となった「はやしお」の進水式。「おやしお」に遅れることわずか2年で竣工した。排水量750トンと海上自衛隊の潜水艦の中で最も小型である（写真／海上自衛隊）

一次防の昭和34年度計画では、後に「はやしお」型となるＳＳＫ 2隻が計画された。起工の時点ではまだ「おやしお」はまだ未完成であったが、1番艦であるＳＳ５２１「はやしお」は、「おやしお」就役から2年、三菱重工神戸造船所で昭和37（１９６２）年6月30日に竣工した。2番艦ＳＳ５２２「わかしお」は、川崎重工神戸工場で同年8月17日に竣工している。これ以降、川崎、三菱両造船所は水上艦の建造を行わず、一貫して潜水艦を基本的には交互に建造することになる。

「はやしお」型は水中旋回性能と水中索敵能力、雑音低減能力を重視した、対潜戦闘用潜水艦として計画された。船体は複殻式で艦尾部は一部単殻式。耐圧船殻構造にはＮＳ30という高張力鋼を使用している。内殻のフレームは「おやしお」が内フレームで艦内スペースが限られていたこともあり、外フレーム方式となり、以後、海上自衛隊の潜水艦の標準となる。

本型ではそれだけではなく、以後の海上自衛隊の基本型となる各種の構造や機能が確立していく。具体的には上構及び上甲板の木甲板が廃止され、鋼製となった。潜舵は水平格納方式から折りたたみ方式に変更され、アンカーはマッシュルーム型になった。

ソーナーはこれまで艦首部の艦底にあったが、艦首構造内にパッシブ・ソーナーの聴音機を設置した。操縦装置には初めてジョイステック操舵装置が採用された。いずれも個々の技術的進歩が顕著である一方で、基本的な部分においては、今日の海上自衛隊の潜水艦にまで踏襲されている。

その反面、小型化の弊害もあった。潜望鏡は小型ゆえに1本しか装備できず、乗員の不満は強かったようである。攻撃兵器は魚雷のみで、艦首に水圧発射式の533㎜魚雷発射管3門を装備する。水圧式発射管は魚雷発射時の気泡発生を防ぎ、深々度隠密発射が可能となった。魚雷は防衛庁が戦後最初に開発した試製58式魚雷を搭載する。搭載魚雷数は公にされていないが、9本ないし8本であろう。

攻撃用のパッシブ・ソーナーはセイル下段前方に装備されていた。そのほか、試製56式水中雑音監査機も装備していた。ちなみに「試製」とは字のごとく制式化の手続きを踏まえていない兵器類で、防衛庁長官の使用許可を得たものをいう。

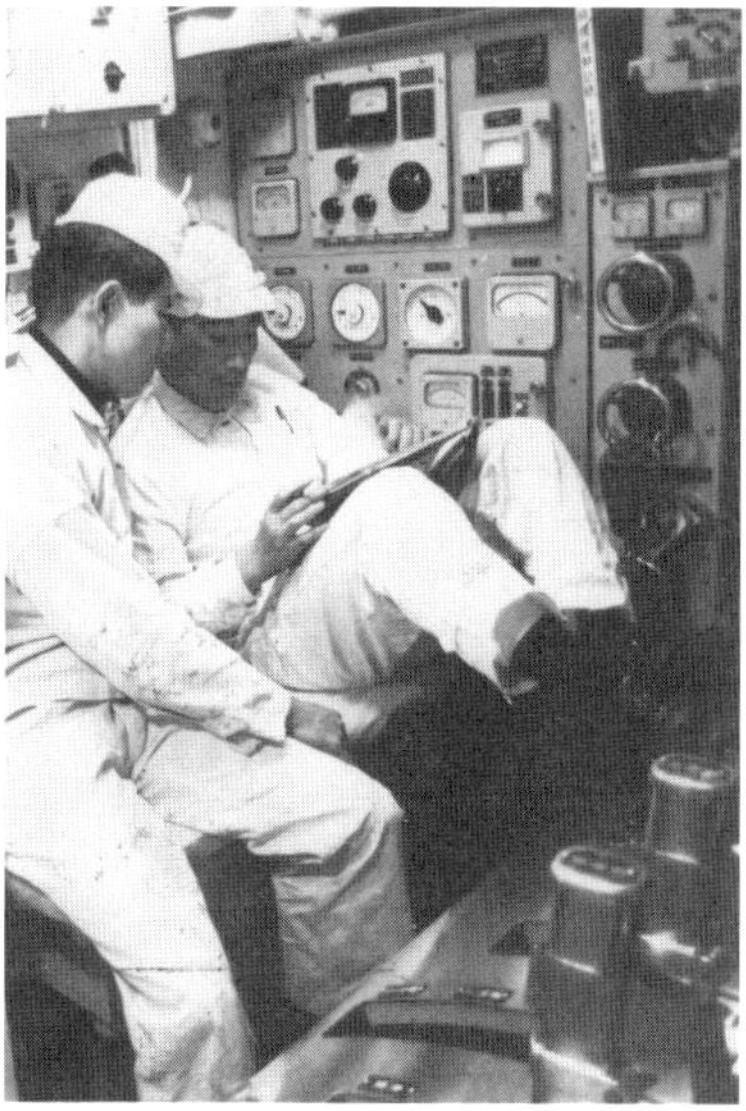

2番艦「わかしお」の機械室と思われる場所で記録をチェック中の乗員。作業服は今とは全く違い、旧海軍のような雰囲気もある。右手前には機械操縦用のレバーが見える（写真／海上自衛隊）

公試運転中の「はやしお」。水上航走試験は昭和36年12月19日から開始され、翌年6月30日に竣工している。船体の長さに対し、セイルがいかに小型かが分かる。セイル前面に突き出すのはパッシブ・ソーナー（写真／海上自衛隊）

機関部は電機推進方式のディーゼル・エレクトリックで、小型艦のため水中2300馬力、水上900馬力と、前型「おやしお」と比較してもかなり小さい。主機は防振対策が施されたものの、機関がディーゼル機関車に多用されたもので、機関科は保守整備に大変苦労したといわれている。

「はやしお」の改良・発展型「なつしお」型

「はやしお」型2隻に続いて、一次防昭和35年度計画で建造されたのが、SS523「なつしお」とSS524「ふゆしお」の「なつしお」型2隻である。「なつしお」は昭和38（1963）年6月29日、新三菱重工神戸造船所で、「ふゆしお」は昭和38年9月17日、川崎重工神戸工場で竣工した。なお、「はやしお」型2隻は昭和34年度、「なつしお」型2隻は昭和35年度予算だが、単一年度で2隻が建造された潜水艦は、これ以降現在までない。

「なつしお」型は、先の「はやしお」型と基本性能は同じである。相違点として、本型では水中捜索能力の向上が図

「はやしお」型2番艦「わかしお」。全体的にずんぐりとしている。小型といえども「はやしお」「わかしお」は二艦でハワイ派米訓練を実施するなど、海自潜水艦として積極的に活動した（写真／海上自衛隊）

ディーゼルの排煙が勇ましい「はやしお」。排煙を冷却するため吹きかけられる海水の飛散を防ぐため覆いが付けられている。潜水艦は港を出てある程度沖合に行くまでの間は電池で推進し、ディーゼル運転は行わない（写真／海上自衛隊）

「はやしお」型に続いて建造された「なつしお」型。写真は2番艦「ふゆしお」。「なつしお」型は40トンほど排水量が増大したが、小型の潜水艦であることは変わらず、隻数確保と小型の実用性を試された
（写真／海上自衛隊）

られた。艦底部に全周同捜聴音を可能とした新ソーナー、サーチライト・スキャニング・パッシブソーナーJQO-2を設置している。このため、発令所区画が延長され、それに伴い全長が約2m長くなっている。ただし、外観上、ほとんど区別はつかない。

そのほか、外観上のわずかな違いとして、セイル頂部に装備されたフットボール型のアンテナが挙げられる。艦番号が識別できない場合などは、ここが準同型艦である「はやしお」型と「なつしお」型識別のポイントとなる。

並んで停泊する同型艦2隻、「なつしお」と「ふゆしお」。海上自衛隊の艦番号標記は、昭和51年9月25日で廃止されたが「はやしお」型、「なつしお」型は例外だったという
（写真／海上自衛隊）

第1潜水隊群の成立と小型潜水艦への不満

昭和37年8月1日、潜水艦救難艦「ちはや」（「ちはや」については第5章を参照）、「くろしお」「おやしお」「はやしお」で第1潜水隊が編成され、自衛艦隊に編入された。翌9月には「わかしお」も編入される。

さらに「なつしお」「ふゆしお」という「なつしお」型2隻が揃った約1年半後の昭和40（1965）年2月1日、「はやしお」「わかしお」「なつしお」「ふゆしお」の3隻を第1潜水隊、「くろしお」「おやしお」の2隻を第2潜水隊とし、さらに護衛艦「かや」、潜水艦救難艦「ちはや」を擁する第1潜水隊群が新編され、自衛艦隊へと編入された。

これより先、昭和36（1961）年6月に「おやしお」が海上自衛隊の潜水艦として初のハワイ派遣訓練へと出発したが、昭和39（1964）年6月には第1潜水隊の「はやしお」「わかしお」が揃ってハワイ派遣訓練に出発し、8月に無事帰国している。昭和40年6月にも、「なつしお」「ふゆしお」がハワイ派遣訓練に出発。国産の潜水艦が出揃い、潜水隊群、潜水隊として編成されることで、日本の潜水艦もついに積極的な行動を開始した感があった。

昭和44年8月15日、日本一周航海を前に待機する「なつしお」「ふゆしお」。昭和40年には、「はやしお」型2隻と計4隻で呉の第1潜水隊に所属していた。第2潜水隊は「くろしお」「おやしお」である（写真／海上自衛隊）

ハイライン作業で物資の補給を実施中の「なつしお」。今日の海上自衛隊の潜水艦でハイラインは行われないため、今ではこうした姿は見られない。ちなみに潜水艦の燃料タンクには水と油が混ざり、洋上給油は行えない（写真／海上自衛隊）

しかし、運用を重ねるに従って、「小型潜水艦推進論」をよそに、小型潜水艦の欠点が明らかになってきた。特に荒天時の耐波性能が低く、波間に打ち上げられることすらあるという状態で、隠密第一の潜水艦にとってはまさに致命的な課題と言ってよい。艦隊での使用は性能的に不十分とされたのである。

当時の艦長の回想によれば、荒天時は潜望鏡やスノーケル深度での航行が極めて困難で、時にセイルが海面から見えてしまう「浸洗」状態となり、発見されやすい危険な状態に陥ることもしばしばあった。また真偽のほどは定かではないが、体格のよい乗員が艦内を移動すると、トリムが変わるなど、冗談のようなエピソードもあったという。

乗員の居住環境も悪かった。深刻だったのは真水の容量が少なかったことで、乗員は冷房機の冷媒管に付いた霜から、ポタポタと落ちる水をバケツで受け、それを貯めては手洗い等に使用していたほどである。

こうした運用を踏まえ、日本を取り巻く厳しい海洋条件では、小型の潜水艦では任務の安定的な遂行は困難と判断せざるを得ず、日本には不向きとの結論に至った。結局ＳＳＫと称された「はやしお」型／「なつしお」型の小型潜水艦４隻は、潜水艦乗員の訓練や、各部隊の教務協力の場を提供し、後身の育成に有効活用されることになった。その後は訓練用の潜水艦として活躍したが、昭和52（１９７７）年7月に「はやしお」、昭和53（１９７８）年3月に「なつしお」、昭和54（１９７９）年3月に「わかしお」、昭和55（１９８０）年6月に「ふゆしお」と順次除籍されている。

当時の潜水艦の艦内写真はめずらしい。潜水艦の唯一の眼である潜望鏡だが、「はやしお」型、「なつしお」型は１本しか装備されておらず、乗員に不評であった（写真／海上自衛隊）

水測員の重要性は、今も昔も変わらない。背後にずらりと並ぶバルブ類に時代を感じる。ピカピカに磨かれているようだ（写真／海上自衛隊）

いつの時代も潜水艦乗員の士気の源は三度の食事。味もさることながら、当時から豊富なメニューが提供されていることに驚かされる（写真／海上自衛隊）

「わかしお」を先頭に隊伍を組む昭和40年代の潜水艦部隊。潜水艦は隊で行動することはないが、このように並んで航行する姿は戦後日本の潜水艦がようやく積極的な行動を開始した感があった（写真／海上自衛隊）

海上自衛隊が小型過ぎる潜水艦で苦労している頃、米ソはすでに原子力潜水艦の時代に入ろうとしていた。しかし潜水艦戦における米ソの技術力には差があり、それが端的に明らかになったのが、昭和37年に勃発したキューバ危機である。

この危機において、潜水艦の故障が相次いだソ連は原子力潜水艦を派遣することができなかった。それに対し、米海軍は広域海底固定音響探知システム、通称ＳＯＳＵＳを稼働させており、この情報を基に対潜哨戒機、対潜駆逐艦を運用、ソ連の潜水艦を追い返すことに成功している。

外交交渉を有利に進めるため、海軍力が必要不可欠であることをソ連は痛感する。とはいえ、すでにソ連海軍はスーパーキャリアーを中心とする米海軍の機動部隊に水上艦で対抗することは難しい状況にあった。そこでソ連は急速に原子力潜水艦を増強していくことになり、海上自衛隊の潜水艦も後にこの大きな脅威への対応を迫られていくことになる。

三菱重工神戸造船所で進水式を待つ「おおしお」。昭和39年4月30日進水式当日の写真である。L型と称された大型の潜水艦は、本艦と「あさしお」型4隻の計5隻が建造された（写真／海上自衛隊）

就役式典中の「おおしお」。自衛艦旗を掲揚する実に厳粛な瞬間である。この後、軍艦マーチに送られて母港に向かう。細長い船型と艦尾の独特な形状に注目（写真／海上自衛隊）

一気に2倍の大型化「おおしお」

海上自衛隊初の潜水艦である「くろしお」は昭和41（1966）年に保管船となり、事実上退役するが、その代艦として同型艦なく、一艦のみ計画されたのがSS561「おおしお」である。本艦の主任務は単なる対潜水艦戦の目標艦にとどまらず、哨戒、監視、偵察、教育訓練、そして対潜水艦攻撃にも使用することを考慮した多用途艦である。

前型の「はやしお」型／「なつしお」型の小型艦では、凌波性や潜水艦乗員の訓練に不十分だったことから、「おおしお」では大型化が図られた。基準排水量は一気にこれまでの約2倍、1600トンに達している。

艦容の特徴的な点としては、大きさのみならず、その船体の長大さも挙げられる。全長は88mで、長さ／深さ比は11・7と細長い。さらに内殻の最前部に設けた魚雷発射管室の後方に発令所を設けたため、セイルが前方に寄った位置となり（発令所はセイルの直下に位置する）、一層船体が長く感じられるようになった。

兵装は前部発射管6門のほか、後部にも短魚雷発射管2門を有する。後部発射管を有するのは本型「おおしお」と、後の「あさしお」型のみで、前部が水圧式、後部がスイムアウト式（魚雷は発射管から自走して発射される）であった。搭載魚雷数は前部が20本、後部が10本程度ではないかと推察される。

ソーナーは艦首底部に遠距離の捜索用、セイル前方に近距離の攻撃用を装備。いずれもパッシブ・ソーナーである。潜望鏡は「はやしお」型／「なつしお」型で不評であった潜望鏡を、昼間用、夜間用の2本に増やした。

「おおしお」の発令所。本型から潜望鏡は2本になった。乗員の着ている作業着は今とはまったく印象が異なる（写真／菊池征男）

機関については新型が搭載された。16気筒V型、川崎MAN V8V24／30mMAL中速ディーゼル機関で、水上1800馬力、スノーケル運転時1650馬力を発揮する。本機は、「ゆうしお」型までの海上自衛隊潜水艦の標準主機として永く活躍した。

発電機と主電動機はSG－3主発電機、SM－3主電動機を搭載。水上1400馬力、水中3150馬力を確保する。主電池は120基4群で、480基を搭載、水中18ノット、水上14ノットと、「はやしお」型／「なつしお」型に対し、3ノット向上した。

昭和40年代中頃の呉の第2潜水隊。岸壁にはすでに除籍となっている「くろしお」の姿も見え、その左から「おおしお」「あらしお」「おやしお」の順に停泊している。祝日なのか、左手に見える護衛艦「くす」型が満艦飾になっている（写真／海上自衛隊）

さらに特筆すべき点として、「おおしお」では、防音・防震の強化が図られたといわれている。例えば従来の潜水艦では、科員のベットなどは支柱を立て、鎖でつなぎ、キャンバスでマットを張っていた。そのため乗員の寝起きの際は鎖の当たる音などが日常的に発生していたが、「おおしお」からは固定式の3段ベッドとなった。

また「おおしお」は船体が大型化した割に、実質的には「はやしお」型／「なつしお」型の拡大型であったため、かなり艦内スペースに余裕があったという。これは建造費が制限されていたことにより、本型ではコストのかかる新機軸を盛り込めなかったためであろう。

そのほか艦の性能などとは直接関係ないが、「おおしお」ならではの艦内事情として、以下のような話が伝わる。前部発射管下には、腰をかがめて歩ける程度ながら8畳ほどのスペースが丸々空いており、潜水艦としては例外的に物を置くスペースに不自由しなかったという。また、前部発射管室から後部発射管室までが一本通路で、ハッチが開いていれば艦首から艦尾までずっと見渡せた。しかし、ソーナー室は発令所の下部にあり、ソーナー室への出入りが、発令所の乗員の動線をふさぎ、不自由なことがあったという。

艦内スペースに余裕ができた分、居住性には配慮がなされており、冷暖房機能の向上や、ドラム式洗濯機の設置、さらには就役当初からアイスクリーム製造機まで設置されていた。もっとも乗員の記憶によれば、夏はクーラーもあまりきかず、ビニールのベットにゴザを敷いて暑さを凌いだという。アイスクリーム製造機も使用した記憶がないそうで、恐らく市販のアイスクリームの方が安価で手間もかからず、おいしかったからであろう。なお、アイスクリーム製造機は米海軍の潜水艦の影響を受けたと思われる。

「おおしお」は三菱重工業神戸造船所で建造され、昭和40年3月に就役した。これにより、潜水艦部隊は昭和41年初頭には、潜水艦7隻、水上艦2隻の規模にまで成長する。「おおしお」は、「くろしお」「おやしお」のベテランも所属する第1潜水隊群の第2潜水隊に配備された。

思いがけない事故「おおしお」の艦内火災

竣工後、順調に任務を遂行していた「おおしお」だが、就役から2年後の昭和42（1967）年4月、思いがけない事故に見舞われる。4月8日、土佐沖における艦隊作業の長期行動から、呉に帰港していた「おおしお」の船体の右舷中央付近に、突如黒煙が上がった。火災発生である。

後に判明したところによると、原因は電気系統のショートであった。潜水艦が港に停泊する際は、電気供給を陸上からの給電に切り換える。その際、陸側と艦側で互いに連絡をとりあうのが基本だが、艦側はなんらかの理由で陸上に連絡をとることなく、ローフロート（バッテリーの電解液が少ない状態）で陸電

昭和42年4月8日、呉在伯中の「おおしお」で、後部制御盤室のショートを原因とする火災が発生した。写真では後部ハッチから黒煙が噴き出している（写真／海上自衛隊）

火災発生の翌日、4月9日15時頃に撮影された「おおしお」。後部が沈下している。この後、タンクをブローして処置を行った。後方に「くろしお」、潜水艦救難艦「ちはや」が見える（写真／海上自衛隊）

に切り換えた瞬間、配線の短絡などが起こり、ショートして火災が発生したものと考えられる。

事故発生時、「おおしお」の隣には「おやしお」が停泊していた。当時「おやしお」の機関士だった後の潜水艦隊司令官の西村義明は、「おおしお」火災の一報を受けると、すぐさま自らの判断で3名の隊員を引き連れて派遣消火隊を編成、「おおしお」の後部機関室のハッチから飛び込んだ。艦内にすでに煙が充満しており、「おおしお」艦長以下、幹部も意識がなく倒れていた。西村は「これはただごとではない」と判断、急を要すると考え、すぐさま艦内に倒れている人員を艦外に運び出し、密閉消火を試みようとした。

点呼の結果、「まだ残っている者がいる」と判明し、再度ハッチを空けて艦内に突入。残りの乗員を救助した。その結果、一酸化炭素中毒者4名を出したが、不幸中の幸いで死者は出なかった。火災発生時、指揮できる幹部は西村だけであったが、迅速・的確な行動で最悪の事態を避けることができたのである。

その後「おおしお」は修理され、再度艦隊に復帰することができたが、以後は潜航深度に制限を加えて運用されたといわれている。とはいうものの、他艦と変わらず16年間活躍し、昭和56（1981）年8月に除籍された。なお、以後海上自衛隊の潜水艦では充電時の徹底的な安全対策が実施されており、「おおしお」と同様の事故は一度も発生していない。

最後の在来型艦型の海自潜水艦「あさしお」型

「おおしお」に続いて計画されたのが、第2次防衛力整備計画（二次防）期間の昭和38年度計画から年1隻、計4隻が建造された「あさしお」型である。「あさしお」型は、前型「おおしお」で予算上の制約を受けて実装できなかった装備を計画時に戻した改良型といえる。そのため全長は「おおしお」同様の88m、基準排水量も50トン増加した程度でほぼ同規模の1650トンとなっている。本型は涙滴型ではない在来船型最後の潜水艦となった。

「あさしお」型の計画時、当時模範とされていた米海軍の潜水艦は、すでに涙滴型一軸潜水艦が実用段階に入っていた。当然海上自衛隊でも涙滴型の導入が検討されたが、運用実績が少ないこと、一軸の場合、故障等の際に安全への不安が大きいことから、堅実な在来船型で建造されることになった。

主要性能は「おおしお」と大きな変化はないが、潜水艦の乗員養成や訓練任務を兼ねたものとせず、作戦任務専用の大型航洋型潜水艦として設計された。艦首6門、艦尾2門の魚雷発射管も変わらず、すべて

「おおしお」を経て、「あさしお」型4隻が続いて建造された。「あさしお」はこれまでのターゲットサービスから脱却し、潜水艦作戦を行うべく設計された、当時としては大型の航洋型潜水艦であった（写真／海上自衛隊）

533㎜と口径も同一である。

外観も「おおしお」と似ているが、艦首部の形状が相違点として挙げられる。これは艦首部船底のソーナーであるアクティブ・ソーナーJQS－4が発射管上部に装備され、発令所下部船底のソーナー・ドームが艦首船底に装備されたためであるが、艦首上端部のラインが若干違う程度で、写真だけではなかなか判別がつきにくい。パッシブ・ソーナーは艦首下部から上部へ移り、型式もJQO－3Bとなって、セイル前方のソーナーはJQO－4Bとなった。なおJQO－4Bは2番艦の「なるしお」以降はJQO－5となっている。

船体は高張力鋼NS46耐圧船殻の厚さと長さを増し、潜航深度の増大を図った。魚雷発射装置も機械化が図られ、海上自衛隊としては最後となる艦尾短魚雷発射管の装填方式も改良された。その他、主機の遠隔操縦の改良や注排水の集中制御、潜望鏡の旋回機力化など、新技術が多数盛り込まれ、あわせて騒音低減や防震強化などを実施している。

機関については「おおしお」と同じ川崎MAN V8V24／30mMAL中速ディーゼル機関2基で、主発電機は、1番艦「あさしお」が「おおしお」より回転数を下げた改良型の

「あさしお」型の2番艦「はるしお」。同型はSSLと呼ばれたが、SSLのLはロングを意味しており、写真で見る通り、長い船体が特長である（写真／海上自衛隊）

豪海軍で30年の長きにわたって活躍した「オベロン」級潜水艦「オンスロー」。現在は豪国立海洋博物館に展示されている。本級はイギリス、オーストラリア、カナダ、ブラジル、チリが導入した（Photo/Royal Navy）

SM‐3B型、「はるしお」以下2番艦以降の3隻はさらに回転数を下げたタイプのSM‐3C型を搭載している。回転数を低減することによる騒音の低減が目的である。以上の改正が加えられたものの、主要性能は「おおしお」と大きくは変わらない。

燃料兼バラストタンクも十分に確保したことにより、「あさしお」型は航続距離も格段に増大した。また後部区画を一部単殻にして艦尾のスリム化を図り、水上速力18ノット、水上速力も14ノットとなり、当時の同規模の潜水艦であるイギリスの「オベロン」級を凌ぐ潜水艦といわれた。

1番艦のSS562「あさしお」は川崎重工業神戸工場で建造

され、昭和41年10月に就役すると、ただちに呉の第2潜水隊に編入された。続く翌年の昭和42年12月には三菱重工業神戸造船所で建造された2番艦SS563「はるしお」が就役、第1潜水隊群の直轄艦としてスタートした。

昭和43（1968）年3月、横須賀に第3潜水隊が新編される。それに伴い「あさしお」と「はるしお」は横須賀に移動、昭和35（1960）年4月に「くろしお」が呉に転籍してから8年ぶりに、横須賀を母港とする潜水艦部隊が発足した。この第3潜水隊には、昭和43（1968）年8月に川崎重工業神戸工場で建造された3番艦SS564「みちしお」が編入された。三菱重工業神戸造船所で建造された最終4番艦のSS565「あらしお」は、昭和44（1969）年7月に、呉の第2潜水隊に編入されている。

「おおしお」「あさしお」「はるしお」の竣工後、横須賀にも潜水艦基地隊が新編された。「あさしお」型最終番艦「あらしお」が竣工した昭和44年には、

後部から見た「あさしお」型3番艦「みちしお」。「あさしお」型は1年1隻のペースで竣工し、同型の竣工に伴い隻数が増え、呉に続いて横須賀に第3潜水隊が編制された（写真／海上自衛隊）

「あさしお」型の最終番艦の「あらしお」。同艦も横須賀に配備されたが、これ以後、海上自衛隊の潜水艦は水中能力をより向上させるため、1軸推進の検討を進めることになる（写真／海上自衛隊）

海上自衛隊の潜水艦保有隻数は11隻となり、3個潜水隊と呉、横須賀基地隊、潜水艦教育訓練隊とで第1潜水隊群を編成、自衛艦隊に属していた。

「あさしお」型4隻は本格的作戦用潜水艦の先駆けとして活躍したが、昭和45（1970）年9月9日、海上自衛隊演習に参加中の「はるしお」は、北海道松前小島北々東約20kmで護衛艦「おおい」の推進軸付近に接触するという事故を起こしている。艦橋と潜望鏡を損傷するめずらしい事故だったが、幸い大事には至らなかった。

本格的作戦用潜水艦の先駆けとして活躍した「あさしお」型だが、就役から17年で順次除籍されていった。昭和61（1986）年3月に4番艦「あらしお」が除籍となったことにより、第二次世界大戦以来の在来型の潜水艦はすべて姿を消し、以後は海上自衛隊の潜水艦も涙滴型の時代に移行するのである。

戦後全くのゼロからスタートした海上自衛隊潜水艦部隊は、米国からの貸与潜水艦で米海軍の潜水艦の利点を学び、民間と一致協力し、終戦後15年でついに潜水艦の国産化に成功した。その後小型、大型と試行錯誤を繰り返しつつも、日本の国情や環境を含め、海上自衛隊に最も必要で適正な潜水艦を模索し続けた。一定の方向性が定まった昭和30年の「くろしお」から、昭和45年の「くろしお」除籍、翌年の初の涙滴型一軸推進艦「うずしお」竣工に至る15年は、海上自衛隊潜水艦の勃興期と言えるのではあるまいか。

本格化する米ソ原潜の戦い

１９６０年代後半の米ソの潜水艦に目を向けてみると、この頃からソ連は原子力潜水艦部隊の大拡張時代を迎える。１９６７年から１９７３年に「ヤンキー」級が34隻も完成。課題であったSLBM（潜水艦発射型弾道ミサイル＝Submarine-Launched Ballistic Missile）の小型化にも成功し、射程１３５０浬という潜水艦発射

ソ連戦略潜水艦「ヤンキーII」。米海軍の「ジョージ・ワシントン」級に対抗して建造された、ソ連の本格的戦略原潜。射程距離を伸ばしてミサイルを搭載している1隻を「ヤンキーII」と呼んでいる（Photo/USN）

ソ連攻撃型原潜「ヴィクター」級。同級は3タイプ累計48隻が建造された。写真はタイプIと思われる。現在ではタイプIIIが3隻残っているが、もはや第一線任務から退いている（Photo/USN）

1967年から1980年に17隻建造されたソ連「チャーリー」級潜水艦。本級はソ連の潜水艦で初めて水中からのミサイルを発射可能とした。2タイプありSS-N7搭載がI型、SS-N9搭載がII型。写真はI型である(Photo/USN)

米海軍の「スタージョン」級攻撃型原潜。ハープーン搭載により対水上艦船攻撃能力も向上した。写真は「シー・デヴィル」SSN664(Photo/USN)

型ミサイルの保有にこぎつけることができたのである。さらに攻撃型原潜「ヴィクター」級も、1967年から1974年までに15隻が竣工する。同級は派生型としてII型、III型と続くことになる。

ソ連は巡航ミサイル原潜の建造にも着手し、「チャーリー」級11隻が1967年から1972年までに竣工した。これまでのソ連潜水艦と比べ静粛性、探知能力に優れ、攻撃型原潜としての役割も担うことが可能となった。

一方の米海軍は1967年から最終的に37隻にも及ぶ「スタージョン」級を建造しており、ここにおいて米ソ原潜による深く、静かな戦いが本格化していくのである。

第三章

涙滴型潜水艦の完成

――世界レベルへの道

「うずしお」型／「ゆうしお」型／「はるしお」型

水中性能を重視した涙滴型の選択

海上自衛隊の潜水艦は、昭和40年代中盤（1970年代初頭）に大きな転換期を迎えたといえる。日本海軍時代の潜水艦が終戦により壊滅した後、その10年後に貸与とはいえ潜水艦の運用を再び開始し、さらに戦後わずか15年で国産の潜水艦の建造に成功した。以来、海上自衛隊の保有する潜水艦は、水上・水中両方の性能を重視する傾向にあった。

その実態は各型の速度性能を見ると分かりやすい。国産初の「おやしお」は水上速力が19ノット、水中速度は13ノットと、十数年のブランクがあったにしては、悪い数字ではない。続く「はやしお」型、「なつしお」型こそ、水上速力14ノット～15ノット、水中速力は11ノットと若干低下したが、これは小型艦を選択したゆえである。そして従来のターゲットサービス任務に加えて、本格的に潜水艦作戦を行うべく建造された「おおしお」／「あさしお」型では、初めて水中速力が水上速力を上回ったが、それでも水上14ノット、水中18ノットで、その差は4ノットと、水中性能重視というわけではなかった。

この頃世界的な潜水艦建造のトレンドは、すでに水中性能を重視する方向にあり、涙滴型が主流となりつつあった。海上自衛隊は「おおしお」／「あさしお」型で涙滴型を見送ったが、三次防計画で次期潜水艦として選択されたのは、やはり涙滴型であった。

しかし、これは単に水中性能を重視して、それに有利な艦型を選択したというだけの話ではない。さまざまな点で潜水艦の力点を水上から水中へ転換した点に意義がある。たとえば、1軸の場合、推進軸を内殻の円の中心に装備できることから、深度変換に伴う内殻歪の影響を受けず、漏水対策が容易となるといったメリットもあった。今日の我が国の潜水艦は、通常型では世界的に見てもトップレベルとされているが、それを実現した大きな変革だったのである。

争点となった1軸型と2軸型のリスクとメリット

しかし涙滴型への転換は、決して平坦な道程ではなかった。昭和42（1967）年にスタートした三次防計画により、新型の潜水艦が建造されることになったが、海上自衛隊は水中運動性能向上型として、初の涙滴型潜水艦の実現を目指す。まず昭和35（1960）年から昭和39（1964）にかけて、涙滴型潜水艦の運動性能についての研究開発が技術研究本部で実施されている。特に大きな影響を受けたとされているのが、昭和28（1953）年に米海軍が建造した、実験潜水艦「アルバコア」である。米海軍は、その後本格的な涙滴型攻撃潜水艦「バーベル」級を建造するが、日本は約10年弱遅れていたことになる。

日本における研究では、これまでの在来型船型の潜水艦に対して、水中航走では30～40％抵抗が減少し、その反面水上航走では20～40％抵抗が増大することが分かった。さらに推進効率の向上、船体騒音や推進器の回転数音の減少を図るため、基本設計案は流線型である涙滴型1軸推進器採用の方向で固まりつつあった。

ところが、これに運用側から強い反対意見が出る。それは1軸推進器への不安である。事故や故障が発生した際、2軸であれば、もう1軸がありなんとかなるという安心感があった。しかし1軸では大きな不安を抱えることになるというわけだ。

これに対し開発サイドは、これからの潜水艦は水中で活動する潜水艦でなければ生き残ることは困難で、水中運動性能の向上、敵に探知されない静粛性に優れた潜水艦の開発こそが急務であり、そのためには涙

昭和52年5月19日、川崎重工神戸工場で進水式を行う「うずしお」型最終番艦「やえしお」。「うずしお」型は海上自衛隊として画期的な涙滴型1軸推進を初めて採用した（写真／海上自衛隊）

滴型1軸潜水艦が必要不可欠であると説いた。すなわち1軸にした場合のリスクよりも、メリットの方がより大きいと判断したのである。

またこの時期、潜水艦のミッションについても米海軍からアドバイスがあり、従来のターゲットサービスにとどまらず、潜水艦そのもののミッションを検討する段階へ移行した。そしてそのために必要となる長期行動や隠密性の確保、測的能力、兵装能力の強化と自動化が検討されていく。素材としても潜水艦用の高張力鋼、NS63が開発され、ここにおいて「あさしお」型までの水上性能も併せて重視する考えから脱却し、ついに水中性能重視型の潜水艦を建造することになった。これが昭和43年から建造が開始された「うずしお」型である。

初の涙滴型潜水艦「うずしお」型

「うずしお」型の船体・船型については、さまざまな実験が技術研究本部で行われ、最も水中抵抗の最も少ない船体の比率が算出された。これは船体長と船体の深さの比率で、実験の結果7：3という比率が出た。これまでの「あさしお」型が11：7であるから、これまでの船型を大きく変化させたことがわかる。

船体そのものは、外殻と内殻を有する複殻構造となっていて、安全潜航深度を増すため、耐圧構造材にはNS63高張力鋼が採用された。この63という数値は、耐力が63kg／mm^2ということを表す。前型の「あさしお」型ではNS46が使用されていた。これにより安全潜航深度は推定で200〜300mを超えたのではないかとする資料もある。だが、潜水艦の安全潜航深度は公表されないので、確かな数値は不明である。

涙滴型に船型が変更されたことにより、艦内の配置も大きく変化した。これまでのタイプは二階建て構造で、前部から発射管室、発令所、発令所の下にソーナ

公試運転中の「うずしお」最終番艦「やえしお」。同艦は「うずしお」型の最終番艦として昭和53年3月に竣工した。16年の第一線任務、練習潜水艦を経て平成8年に除籍されている（写真／海上自衛隊）

ー（ソナー）室、その後ろは上部に電信室、士官室、科員室、下部には電池室、さらにその後方には機械室や制御盤室、電動機室と続いていた。しかし「うずしお」型では発射管室が中間部に移動し、前部はソナー室と科員室となった。これはソナーをもっとも測的に都合のよい位置に配して、その能力を強化するためで、潜舵も駆動音がソナーに影響することを嫌い、セイルに取り付けられた。この潜舵の配置は、現在まで受け継がれている。

三層になった中央部は、上層が発令所と電信室、中層が発射管室、下層が電池室で、さらにその後方区間は上層が士官室、中層が科員室、下層が電池室となっている。その後方には機械室と電動機室が続く。

兵装は魚雷のみで、船体中央部に53㎝魚雷発射管が片舷3門ずつ、計6門装備されている。搭載魚雷は当初米国製のMk.37自走式ホーミング魚雷を装備し、搭載数は公表されてはいないが、18本から20本と推定される。その後、防衛庁で開発された国産の非誘導高速魚雷、72式魚雷が装備され、対水上艦用として搭載されている。

艦首にはＺＱＱ‐1という、パッシブ・ソーナーを装備する。これまでのソーナーにはなかった全方位同時監視機能を持つなど、大幅な性能向上が図られている。セイルトップに装備されるレーダーは、対水上レーダーのＺＰＳ‐4、ＥＣＭ（逆探）はＺＬＡ‐5を搭載。潜望鏡は昼間用の第一潜望鏡、夜間用の第二潜望鏡が装備され、その他セイル上にはＥＣＭ用マストとスノーケル（シュノーケル）などが林立している。

通信装置についても性能向上が図られた。中でも新型短波空中線、高速通信装置、浮揚空中線の自動巻出し巻き戻し装置等が特筆される。

主機は1番艦「うずしお」と2番艦「まきしお」は、16気筒V型 川崎ＭＡＮ Ｖ8Ｖ24／30ｍ ＡＭＴＬ

停泊中の「うずしお」型。左が「うずしお」、右が「まきしお」である。現在、停泊中は安全潜航深度が推測されないようハッチにカバーを付けるが、この時代はカバーされていなかった（写真／海上自衛隊）

5番艦「くろしお」の士官室。幹部が打ち合わせや食事に使用する。海上自衛隊の潜水艦では、艦長は常に一番奥の席に座る。たとえ艦に隊司令や群司令が乗ってきても、艦長の座る席は変わらない（写真／海上自衛隊）

中速ディーゼル機関を2基搭載した。この機関で水上状態では２１００馬力、スノーケル航走で１９５０馬力を発揮する。さらにSG-４主発電機2基、SM-４主電動機1基、SCD-49W主蓄電池は１２０基4群、計４８０基を装備した。これらにより水中速度20ノット、水上速度12ノットを発揮できた。主機の出力が増大しているため、主発電機の容量も前型の「あさしお」型よりも18%増大している。なお、3番艦「いそしお」からは主発電機と主電動機の制御システムを変更し、6番艦「たかしお」ではさらに出力が増大した。

操舵に関しては、自動深度保持装置と自動針路保持装置を統合して、電子計算機を含む三次元自動操縦装置に改められ、ジョイスティック式の操舵装置が本型より装備された。また安全装置にも新たな技術が導入されており、移水・排水を計算指示するトリム計算盤や、深度、姿勢角、方位、油圧などの監視装置が付与され、万が一の異常を感知した場合に備え、警報装置も有している。潜航中に事故が発生した場合には、急速浮上が可能となるよう、メイン・バラストタンクに非常排水装置も装備された。

本型から、長期行動、長時間潜航を可能にするため、艦内空気浄化装置が付けられ、艦内温度や湿度の増大に対処できるように艦内冷房も付けられるなど、乗員の居住環境の改善も図られている。

以上のように、「うずしお」型は従来の海上自衛隊の潜水艦に比べ、さまざまな面で画期的な技術が豊富に取り入れられており、各段の性能向上が認められる。その反面、1軸推進の弊害として、操艦において後進が非常に難しく、実際に後進をかけてみないと、どのように艦が運動するか分からないということがあったという。

「うずしお」型とともに急速な進化を遂げた日本の潜水艦

「うずしお」型は1番艦SS566「うずしお」が昭和46（1971）年に川崎重工神戸工場で竣工したのを皮切りに、続いて2番艦SS567「まきしお」が昭和47（1972）年に三菱重工神戸造船所で竣工する。以後、同型艦は川崎・三菱の順に建造され、同年に3番艦SS568「いそしお」が竣工、翌年に4番艦ＳＳ５６９「なるしお」、続いて5番艦ＳＳ５７０「くろしお」が竣工した。1年のブランク後、2年に1隻のペースで、昭和51（１９７６）年に6番艦ＳＳ５７１「たかしお」、昭和53（１９７８）年に最終7番艦ＳＳ５７２「やえしお」が竣工し、計7隻で建造を終えている。

なお、当初は8番艦まで建造予定で、予算も成立していたが取り止められた。これは建造費の高騰により建造中の護衛艦の建造続行が困難となり、予算が護衛艦建造費の増加分に補填されたためである。しかし潜水艦部隊には長年の夢であった戦術訓練装置の整備が急遽、認められた。

本型は各艦で仕様に若干の相違が見られる。１・２番艦は同一仕様で建造されたが、３・４番艦は高張力鋼ＮＳ63の使用範囲を拡大することにより安全潜航深度を増大させている。さらに5番艦では居住区の改善と冷房装置の強化を図り、6番艦は自動操縦システムの性能向上、主電動機遠隔自動運転、新型魚雷発射指揮装置の増備など、後の新型潜水艦を先取りする新機能が搭載され、さらに磁気騒音の軽減などが試みられている。最終7番艦では、対勢作図装置の性能向上が図られた。

また、ソーナーにも相違があり、１・2番艦はＺＱＱ‐1ソーナー、3～6番艦はＺＱＱ‐2ソーナー、7番艦はＺＱＱ‐３ソーナーが装備されている。ＺＱＱはこれまでのＪＱＯシリーズを統合した監視・測定・逆短を兼ね備えた統合システムとして開発されたもので、探知距離も従来よりも長くなっているといわれている。

当時は海上自衛隊の潜水艦が急速な進化を遂げている段階であり、このように各艦で性能の向上が図られていた。しかしその反面、同型艦でも各艦の性能が異なる部分が多く、転勤すると扱い方法が異なるなど、現場の乗員にとっては戸惑う部分が少なからずあったという。

「うずしお」型各艦の活動の中で特筆すべき事件として、昭和49（１９７４）年の第十雄洋丸事件が挙

第十雄洋丸処分の命を受け、実魚雷搭載作業中の「なるしお」。海自の涙滴型潜水艦は発射管が船体の中ほどにあるため、魚雷の積載口は後部にある（写真／海上自衛隊）

炎上する第十雄洋丸。20日間にわたり燃え続け、最後は護衛艦の砲撃でようやく撃沈することができた（写真／海上自衛隊）

昭和49年11月22日、魚雷攻撃を受けた直後の第十雄洋丸を潜望鏡から捉えた貴重な写真。しかし、タンカーを潜水艦の魚雷で撃沈するのは至難の業であった（写真／海上自衛隊）

げられる。11月9日、東京湾で当時日本最大のLPG・石油の混載船である第十雄洋丸とリベリア船籍のパシフィック・アレス号が衝突。炎上して漂流する第十雄洋丸の沈没処分が4番艦「なるしお」に託されたのだ。

「なるしお」は魚雷4本を発射したが、1本目は機械故障により沈没、2本目と3本目が命中、4本目は調定不備で不発に終わり、結局撃沈には至らなかった。区画が細分化されているタンカーを魚雷で撃沈するのがなかなか困難であることは、先の大戦の交通破壊戦の苦心談として、多数記録がある。結局第十雄洋丸はその数時間後に水上艦の砲撃により撃沈された。

1・2番艦は16年の現役の後除籍となったが、3番艦「いそしお」以降は第一線配備の後、特務艦に種別変更されている。これは教育訓練及び新装備の試験装備を兼ねた運用で、今日まで旧タイプとなった潜水艦はその後練習潜水艦として代々使用されている。ただし当時は大綱に示された16隻保有の制約から、作戦に使用できないよう改造する条件があり、止むなく魚雷発射管室の魚雷搭載スペースを改良して実習員の講堂として活用していたが、現在の練習潜水艦ではそのような改造は施されていない。

こうして「うずしお」型は海上自衛隊潜水艦部隊近代化の先駆的役割を担い、さらには後身の教育や新兵器の実用実験などの役目を果たして、平成8（1996）年までに全艦が除籍された。

海上自衛隊が初の涙滴潜水艦「うずしお」型の建造を続けている頃、米海軍は昭和51（1976）年から、攻撃型原子力潜水艦（SSN）「ロ

米海軍攻撃型原潜「ロサンゼルス」級（ノーフォーク SS714）。ロス級は世界原子力潜水艦史上最大の隻数である62隻が竣工したが、日では後継のヴァージニア級に代替され、退役が進んでいる（Photo/USN）

ソ連原子力ミサイル潜水艦「オスカーII」型。SS-N-19USNを24基並列配置したため、極めて幅の広い船型となっている。全部で11隻が竣工したが、事故で1隻が失われた（Photo/USN）

チタン製の船殻によって深深度への潜航能力を得、水中40ノット以上という高速を誇ったソ連の攻撃型原子力潜水艦「アルファ」級。その高性能は画期的なものだったが、扱いづらく、同型艦は7隻にとどまった（Photo/USN）

サンゼルス」級の建造をスタートさせた。本級はソ連の攻撃原潜に対処するために建造され、高速攻撃原潜として、静粛性も十分加味された優秀な潜水艦で、なんと原潜としては空前の62隻が20年間にわたり建造された。後にトマホークミサイルを搭載することにより、SSNは戦略目的にも使用可能となり、ますます潜水艦の重要度が高まった。

これに対して、ソ連も敏感に反応する。ソ連は1970年代前半に、オールチタンで潜航深度600m以上ともいわれた「アルファ」級、対潜能力向上型の「ヴィクター」級、昭和52（1977）年からは水中発射可能な巡航ミサイルを搭載した「チャーリー」級、「オスカー」級などを次々と竣工させていく。ソ連は米空母打撃群の優越は認めつつ、潜水艦の充足により米海軍を圧倒し、制海権を手中にできると確信していたのだ。

かつて潜水艦は第二次世界大戦当時は「可潜艦」でしかなく、交通破壊戦用の兵器であった。しかし原潜の登場により、高速でかつ静粛、長大な航続距離を有し、安全潜航深度も非常に深くなり、高い残存性を実現した。兵装も魚雷だけでなく、弾道ミサイル、巡航ミサイルを水中から発射できるようになり、極めて強力な戦略兵器となったのである。

第二世代涙滴型「ゆうしお」型

海上自衛隊初の涙滴型潜水艦となった「うずしお」型に続き、その拡大改良型として建造されたのが「ゆうしお」型である。昭和50（1975）年度計画の四次防から昭和60（1985）年度計画の56中業まで10隻が計画され、昭和55（1980）年2月に竣工した1番艦SS573「うずしお」を皮切りに、以後、平成元（1989）年3月に竣工した10番艦SS582「さちしお」まで、毎年1隻ずつ竣工していった。

性能的に前型「うずしお」型とは大きく違う点はなく、安全潜航深度並びに電池力増加による水中持続力の向上を図っている。ただし、耐圧構造物と電池の重量増加が浮力確保に影響し、「うずしお」型の船体そのままでは当初予定されていた増備部分をまかなう余裕がなく、バランスにも欠けた。そこで船体の幅と深さはそのままとして、全長を4m長くし、排水量も約350トン増加した。外観上も多少

昭和56年2月10日、進水式を迎える「ゆうしお」型3番艦「せとしお」。「せとしお」は第一線配備の後、特務艦、練習潜水艦として活躍、平成13年に除籍されている（写真／海上自衛隊）

水上航行中の「ゆうしお」型8番艦「たけしお」。「たけしお」から潜水艦指揮管制装置が装備された。水上航走の際、涙滴型は波の抵抗を強く受けることがこの写真でもよく分かる（写真／海上自衛隊）

の変化があり、並べてみないと分かりづらい程度ながら、船体中央部に「うずしお」型にはない直線部分を有することとなった。これにより、セイルの位置が「うずしお」型に比べて前方に移動した印象を受ける。

艦内の配置はほとんど「うずしお」型と違いはないが、居住性が改善されている。発令所や、操舵装置、潜望鏡、レーダーにECM装置などの配置にも改良が加えられ

水中での抵抗や余計な雑音を発生させるのを防ぐため、「ゆうしお」型は徹底的な対策がとられた。航行時、フェアリーダー（艦首に見える半円状の器具）は回転して艦内に収まり、セイル手前のクリートも左右から折りたたむように艦内に収容される（写真／上船修二）

たという。

魚雷発射管も数は同じであるが、発射管がＨＵ‐６０３型に変更された。安全潜航深度は高張力鋼ＮＳ80を使用したことによって増大しており、それに伴い艦内の配管やバルブなども併せて強度を高めている。また、主蓄電池の容量の増大により、水中持続能力も向上した。

「ゆうしお」型も「うずしお」型同様、同型艦の建造が進むにつれて改良が加えられている。早くも２番艦ＳＳ５７４「もちしお」から改良が始まり、マスカーを装備した。マスカーとは、艦外に細かい空気の泡を放出し、騒音の発生源となる主機械や発電機水中放射雑音を外部探知から遮蔽する目的で装備されたものである。しかし実際には思ったより効果が低く、また空気の排出口が詰まりやすく整備が大変で、乗員泣かせの装備だったという。

３番艦ＳＳ５７５「せとしお」以降の艦は、安全潜航深度が深くなっている。無論具体的な深度までは公表されていないが、これはＮＳ80を耐圧殻全部に使用し始めたためだ。

４番艦ＳＳ５７６「おきしお」からは、曳航式ソーナー、ＴＡＳＳ（Towed Array Sonar System）が装備されることになった。ＴＡＳＳは最新の「たいげい」型潜水艦にも性能の向上を図りながら装備され続けている重要なセンサーである。

５番艦ＳＳ５７７「なだしお」からは、水中発射が可能な対艦ミサイル「ハープーン」が装備された。このハープーンは潜水艦搭載型で「サブ・ハープーン」と呼ばれ、プラスチック製の耐圧カプセルに、主翼とフィンを折りたたんだ状態で収納されて、魚雷発射管から発射される。独自の浮力で海面に到達するとキャップが外れ、ブースターロケットに点火、あらかじめインプットされた目標をアクティブ・レーダー・ホーミングで追跡して命中する。

進水式を迎えた「ゆうしお」型の最終10番艦「さちしお」。「ゆうしお」型も建造中に次々と改良が加えられ、乗員が転勤すると同型艦にもかかわらず戸惑うことが多かったという（写真／海上自衛隊）

発射管も魚雷とハープーン兼用に変更され、「なだしお」以降の6隻については、それまでの4隻より基準排水量が50トン増加している。ハープーンも最新型の「たいげい」型まで配備が続いている兵器である。

さらに7番艦ＳＳ579「あきしお」以降には慣性航行装置が装備された。このように、「うずしお」型以上に「ゆうしお」型は各艦での改良点が多く、転勤する乗員を悩ませたという。

10隻の同型艦のうち、「なだしお」は昭和63（1988）年7月23日、伊豆大島沖での展示訓練を終えて横須賀に帰投中、不幸にも遊漁船と衝突して乗客乗員30名が死亡するという惨事を引き起こしてしまった。後の海難審判によれば、「なだしお」と遊漁船の双方に同等の過失があったと判示している。

本型の除籍は平成11（1999）年に始まり、最終番艦の「さちしお」が除籍されたのは平成18（2008）年であった。

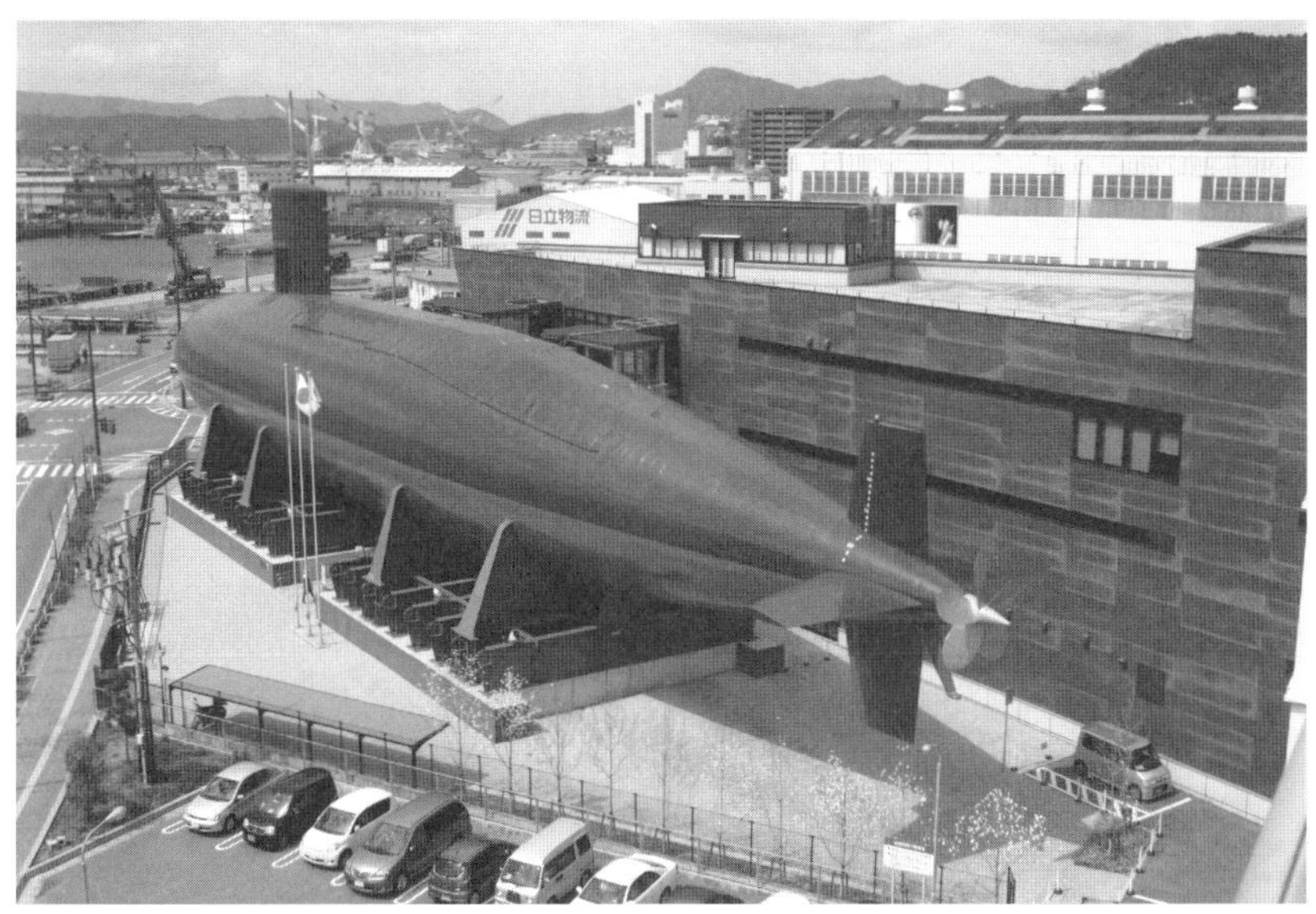

海上自衛隊呉史料館に展示されている「ゆうしお」型7番艦「あきしお」。通常、喫水線以下は水中にあるが、このように陸に上がると潜水艦全体の形状と巨大さを実感できる（写真／上船修二）

公開されている「あきしお」の発令所。ガイドの説明を聞いたり、潜望鏡を覗いて見たりすることができ、入場は無料である（写真／上船修二）

なお、現在除籍された7番艦「あきしお」が海上自衛隊呉史料館、通称「鉄のくじら館」として陸上保存されている。見学可能なスペースは限られているが、艦内が見学用に改装されており、海上自衛隊の潜水艦の艦内を見ることのできる唯一の施設として貴重である。

呉の潜水艦バースに停泊する在りし日の「ゆうしお」型3隻。「海の忍者」らしく全艦黒色に塗装され、艦番号を消去されると個艦の艦名は全く分からない（写真／海上自衛隊）

「ゆうしお」型が続々と竣工していった1980年代は、海洋の透明性を実現していく時代となった。そのため、海上自衛隊はまずソ連の潜水艦が通過する可能性の高い海峡などに潜水艦を配置する。潜水艦は三海峡、すなわち対馬、津軽、宗谷に常時配備されていたと思われる。さらに軍事衛星、SOSUS（Sound Surveillance System：固定ソーナーによる監視システム）、対潜哨戒機などによる監視態勢の構築も進む。海洋観測や音響観測、そして海洋で行動する潜水艦の周波数分析などにより、ソ連の潜水艦のノイズが比較的高いこともあって、その行動を把握することがほぼ可能になったといわれていた。映画や小説等で描かれていたように、ソ連の原潜が出港すれば、米原潜が常に追尾して、その行動を完全に把握することも可能となったのだ。

一方のソ連も対抗手段として、オホーツク海、北極海、ベーリング海など、自分のテリトリーともいうべき海域での西側潜水艦の行動を牽制し、あるいは諜報活動を活発にするなどの対抗策を打つようになったが、劣勢は否めなかった。「ゆうしお」型の最終番艦「さちしお」が竣工した平成元年、米ソはマルタ会談で東西冷戦の終結を宣言。世界は新たな局面へと入っていく。

P−3Cショックと徹底的な静粛化の実現

昭和55年2月に「ゆうしお」が竣工してわずか2年後の昭和57（1982）年、川崎重工はアメリカ製の対潜哨戒機、P3‐Cのノックダウン生産を開始した。当時、海上自衛隊の潜水艦は涙滴型を採用して以来、水中運動性能が大幅に向上し、水上艦部隊のソーナー、航空部隊のレーダーよりも先んじて相手を探知し、演習などでは常に潜水艦有利を維持してきた。ところが、P3‐Cが放つパッシブ・ソノブイによって潜水艦は次々と探知され、特に音の到来方向を探知できるダイファー・ブイの活躍により情勢は一変した。潜水艦部隊から、これでは戦ができないという声が上がるほど、潜水艦は追い詰められてしまう。いわゆるP3‐Cショックである。

これはある意味、太平洋戦争末期の日本海軍潜水艦部隊が直面した状況の再来といえるかもしれない。突如として現れた航空機により、たとえ潜航していても探知されるという状況は、大戦時、夜間見張りを置いてディーゼル機関を動かし充電している潜水艦が、気付かぬまま敵のレーダーに捕捉されたり、たとえ気がついて潜航してもソーナーで探知され、ヘッジホッグの攻撃で最後を遂げるという状況に似ている。P3‐Cの優れた探知能力によって、正に大戦期の日本潜水艦同様、なんの前触れもなくいきなりP3‐Cによって攻撃を受けるという状況が続発したのである。

P-3Cの登場は、潜水艦部隊に静粛性を根本から見直す必要性を強く認識させた。写真は昭和期に撮影された厚木基地所属、第4航空群第6航空隊のP-3C（写真／Jウイング編集部）

これを契機に、海上自衛隊の潜水艦は本格的な雑音低減に取り組むことになる。無論、これまでも雑音の低減には努力を重ねてきた。しかし雑音といっても、我々が日常感じる音だけではなく、静かにすればよいというわけではない。海中で潜水艦から出ている周波数を分析し、その中から強い特定の周波数を一つひとつ低減していくのである。川崎重工のある技術者は、一つ消しては、また一つ原因を特定していくという、実に気の遠くなるような根気のいる作業を続けたという。これにより飛躍的に艦内雑音の低減が実現したが、当然ながら時間と費用がかかった。当時、1DB（デシベル）下げるのに1億かかるといわれたことでも、その困難さが分かるであろう。

静粛化を実現するため、主電動機や主機械の二重防振支持、補機・管系の防振対策、電源装置の静止型化、艦底開孔部の整流、プロペラの多翼スキュー化、制振材の使用など、あらゆる面で徹底的な作業が行われた。また、川崎重工はよりよい潜水艦を建造するために会社の垣根を超え、三菱重工に雑音低減対策のノウハウを共有したという。これは通常民間会社ではありえない英断であった。この利害を超えたモノづくりのスピリットが、我が国の潜水艦を世界のトップレベルに押し上げた所以といえる。潜水艦は国内約6200社、機器点数約7500点で完成されている。一つの部品でも雑音を出しては静粛性に優れた潜水艦は完成しない。まさに我が国の技術の結晶ともいえよう。

完成された海上自衛隊最後の涙滴型潜水艦「はるしお」

「はるしお」型は「ゆうしお」型の拡大改良型ではあるが、課題となっていた静粛性能だけでなく、索敵能力、攻撃力、水中運動性能を向上させ、本型において、ついに日本の潜水艦は西側先進国のレベルに到達したとされる。

基準排水量は「ゆうしお」型より約250トン増加し、全長も約1mほど伸びている。この排水量と船型については、2000トンから2400トンの間で検討され、涙滴型以外の船型も数多く検討されたという。最終的には従来の涙滴型を踏襲し、前述の通り主機械・主電動機の防振対策、補機管類の防振対策、電源装置静粛化、プルペラの多翼スキュー化など、雑音低減対策を最優先とし、海上自衛隊第三世代の涙滴型潜水艦として基本設計が進められた。

主機は川崎重工が新たに潜水艦用に独自開発したディーゼルを搭載。4サイクル12V 25／25S型といわれるタイプで、「ゆうしお」型に比べてスノーケル時の運転出力が38％も増大しているにもかかわらず、全長が1・3m短縮されている画期的なエンジンであった。出力は3400馬力、主電動機7200馬力、

母港に帰るところであろうか。天蓋はもとより、潜舵にも乗員を配置して見張りを厳としている「はるしお」型。第一線で活躍していた時期の最末期、平成21年の撮影（写真／花井健朗）

水中速力20ノット、水上12ノットを発揮できる。主電動機もパワーアップされ、回転数を上げている。電池は240基2群を有する。

魚雷発射管はこれまで同様の6門。魚雷のほか、ハープーンミサイルも搭載している。魚雷は「はるしお」型から89式魚雷が搭載されている。

ソーナーはZQQ‐5を装備し、2番艦SS584「なつしお」以降はZQQ‐5Bを装備。アクティブソーナーをセイル前部に有し、逆探と国産TASSを1番艦から装備している。1番艦のTASSは短アレイで艦内にケーブル巻き取り機を装備していたが、2番艦は長アレイで、アレイ部分のみ上甲板に八の字にして巻いていた。後年、艦内アレイに巻き取り装置を設置した。

「はるしお」型は全7隻が建造された。1～5番艦までが61中期防（中期防衛力整備計画）、6・7番艦は03中期防で予算を確保している。1番艦SS583「はるしお」が平成2（1990）年11月に就役した後、平成7（1995）年に就役した6番艦SS588「ふ

「はるしお」型の発令所。奥の銀色部分が第一潜望鏡、手前が第二潜望鏡。写真右手が戦闘用コンソールパネル類、左手にはバラストコントロールパネルがあり、その奥が操舵手席である（写真／柿谷哲也）

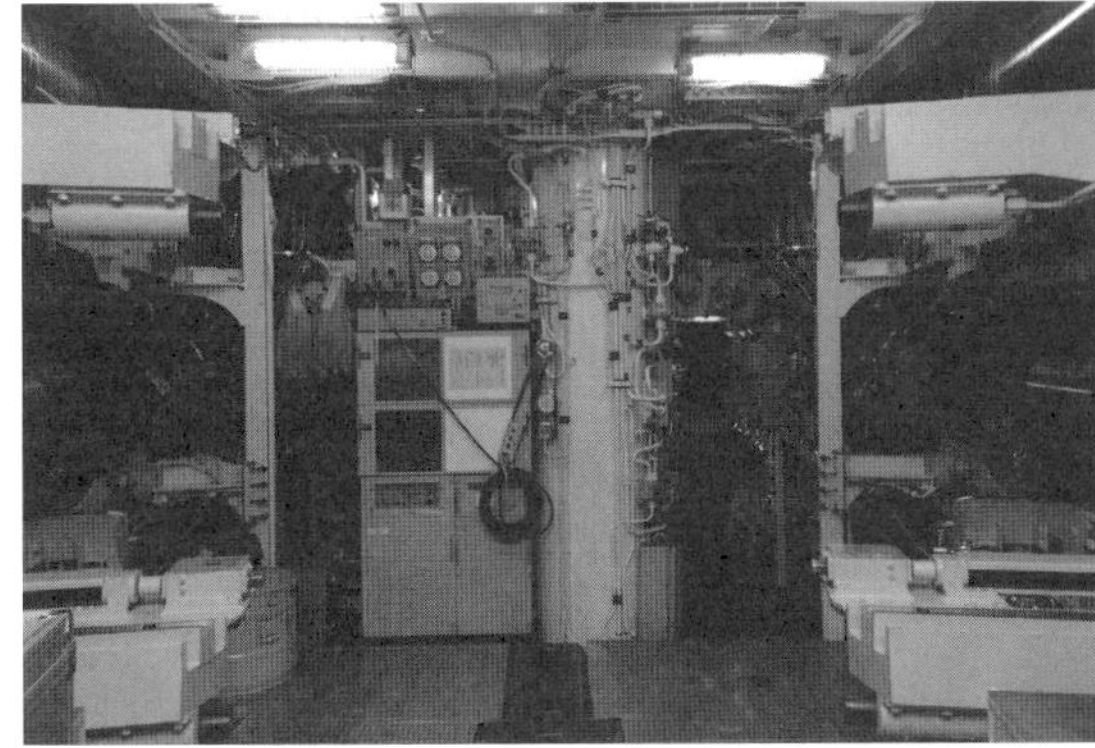

「はるしお」型の魚雷発射管室。涙滴型の場合、艦首にソーナーがあり、発射管室後方に設置されているため、発射管室はスペースが広く、天井も高い（写真／柿谷哲也）

「はるしお」型から装備された艦首部分にある逆探ソーナー。このソーナーが涙滴型における「はるしお」型を見分ける外観上のポイント。その後方は収納できるフェアリーダー（写真／柿谷哲也）

「はるしお」型のディーゼルエンジンが納まる機関室。12気筒V型の川崎製の高速エンジンで、「はるしお」型から新型となり、出力増加に加えて加速性、起動の確実性が向上している（写真／柿谷哲也）

練習潜水艦「あさしお」。写真で見ても分かる通り、他の「はるしお」型に比べ、AIP機関を試験用として搭載しているため船体が9m長い。艦首には同じく試験用のラバードームも装備している
(写真/上船修二)

平成23年に撮影された呉の潜水艦バース。写真右手奥には練習潜水艦「あさしお」、左手は同型の「はるしお」型で、艦の長さの違いがよく分かる。手前に停泊しているのは「おやしお」型
(写真/上船修二)

ゆしお」まで、毎年1隻のペースで竣工が続いた。最終7番艦SS589「あさしお」のみ、1年おいて平成9(1997)年に就役している。

本型の中で特筆すべきは、平成12(2000)年に練習潜水艦TSSに種別変更された最終番艦「あさしお」である。就役からわずか3年で第一線を退いての種別変更は前例がない。その理由は、同年から翌年にかけて行われた改造工事にある。このとき「あさしお」はAIPの実験艦として、スターリング機関を実験装備したのだ。

これにより排水量は450トン増加して2900トンとなり、全長も9m延長され、87mになった。また、技術本部で研究開発された艦首ソーナーのラバードームも試験的に装備されている。その結果は極めて良好で、こちらは次期新型潜水艦となる「おやしお」型から正式採用されることとなる。

冷戦末期、ソ連潜水艦を圧倒するために建造された「シーウルフ」級（2番艦コネチカット SSN22）。冷戦終結により高価過ぎるとされ、3隻で建造が中止されたが、現在でも世界のトップクラスの性能を誇る（Photo/USN）

戦略ミサイル原子力潜水艦「オハイオ」級。18隻竣工したが、現在は4隻が巡航ミサイル原潜SSGNに改造されており、特殊部隊用のエアロックも装備されている（Photo/USN）

現在「はるしお」型は全艦が退役している。「あさしお」が練習潜水艦として最後まで活躍を続け、平成29年3月に海上自衛隊最後の涙滴型潜水艦として退役した。

この「はるしお」型が就役する1990年代、東西冷戦が終結し、ソ連の潜水艦に対する厳重な警戒の必要性がなくなった。すなわち、海上自衛隊の潜水艦部隊にとって最大の脅威の対象が消滅したのである。

しかし現在の状況が示すように、東西冷戦の終結により世界の海が平穏になったわけではなかった。冷戦後に打ち出された米海軍の戦略は、抑止、前方防衛、連合国の結束である。そして米潜水艦部隊も大きな方向転換を強いられた。

冷戦の最末期に計画された最強の原潜「シーウルフ」級は、ソ連の原潜を圧倒的に凌駕するため、水中速力、攻撃力、静粛性という潜水艦の三大要件を極めて高い水準で兼ね備えていた。しかし冷戦終結とともに、そのコストが重荷となり、建造は3隻で打ち切られてしまう。その後継としてはコストを削減した「ヴァージニア」級が計画されることになる。戦略原潜の「オハイオ」級も、当初予定の約半数で建造を打ち切られている。

ソ連の潜水艦は一気に不活発になったが、ソ連がロシアに変わっても原潜の保有を放棄したわけではない。また、それと入れ替わるように台頭してきたのが、中国の原潜である。中国は初の弾道ミサイル潜水艦「夏」型、初の攻撃原潜「漢」型を、1990年までに計4隻就役させた。しかしその性能はまだまだで、雑音が大きい上に各種センサーの性能が低く、魚雷も高性能な誘導式のものを装備していないなど、自ら「歯抜けの鮫」と称している。

ただ、中国も段階を経て、徐々に原潜の性能を向上させている。東西冷戦の緊張感はなくなったが、依然大きな抑止力を発揮できる潜水艦は、海軍力が乏しい国などを中心として非常に魅力的なウエポンである。現在でも潜水艦を建造できる国はごく限られるが、ロシアやドイツなどから高性能潜水艦の輸出が始まり、冷戦後の世界は「潜水艦の拡散」の時代を迎えるのである。

進化し続けた冷戦期の潜水艦

「うずしお」型、「ゆうしお」型、「はるしお」型と続いた涙滴型潜水艦は、海上自衛隊の潜水艦史上、水中の行動に重点を置くことになった歴史的画期をなすタイプであるといえる。時代背景として見れば、終戦から平成元年まで続いた東西冷戦期後半に活躍した潜水艦である。

冷戦期の海上自衛隊に課せられた任務の一つに、シーレーンをソ連の潜水艦から防衛するという重要なミッションが存在した。米国がソ連の潜水艦への警戒監視のために海上自衛隊の潜水艦を活用したともいえるが、さすがに米国のためと言っては日本の理解が得られないため、シーレーン防衛こそが日本の生命線を守る重要な任務であるとしたという説もある。海上自衛隊の潜水艦の活躍する主たる海域は日本海、オホーツク海、千島列島南方海域と思われるが、今日まで海上自衛隊の潜水艦の行動範囲などは一切明らかにされていない。

筆者の推測では、当時ソ連海軍は対馬、津軽、宗谷海峡の沖合に潜水艦を展開しているといわれていたことから、海上自衛隊はこれら三海峡の監視・哨戒を強化し、当然潜水艦もソ連の潜水艦が抜けられないように哨戒任務を続けていたものと思われる。つまり、三世代にわたる涙滴型潜水艦の時代、ＡＳＷ（Anti-Submarine Warfare：対潜水艦戦）においても、第二次世界大戦の頃から大きな変化を迎えていた。

その特徴を挙げれば以下のようになるであろう。

①潜水艦が水上航走する必要がなくなった。
②潜水艦の水中での性能が大幅に向上した。
③潜水艦の攻撃力が増大かつ多様化した。
④潜水艦の静粛性が飛躍的に向上した。

①については原子力潜水艦が本格的に登場したことと、通常型潜水艦でもスノーケルが発達し、吸気や充電に際して浮上航行する必要がなくなったことが挙げられる。併せて水中運動性能を重視する

隊伍を組む「ゆうしお」型。潜水艦は本来このように多数で行動することはない。広報用ながら迫力ある写真だ（写真／海上自衛隊）

ため、艦型が水上航走に適さない形になったこともあり、大戦期までの潜ることができる「可潜艦」から、常に水面下にあって行動する真の「潜水艦」へ発達してきた。

②は潜水艦にとって最も深刻なテーマ、水圧との戦いに関連する。高張力鋼の進歩やそれに伴う船体や艦内の装備品の耐圧性能の向上により、安全潜航深度が飛躍的に深くなっていったのもこの時代である。各国とも潜航可能な深度は最高の機密ゆえに推測の域を出ないが、一説には水中速力40ノットであるとか、オールチタンの船体で潜航深度が1000mにも達する潜水艦が出現したなどともいわれた。潜航深度が1000mにもなれば、追いかける魚雷が水圧に耐えることができず、無敵の潜水艦となるであろう。また原子力潜水艦は水中速力、航続力、潜航深度など、これまでの潜水艦の常識を覆す最強の海洋兵器へと発達した。

③はこれまでの潜水艦の兵器が魚雷と機雷のみであったのに対し、対艦／対地ミサイルや、戦略原子力潜水艦が搭載する核弾頭ミサイルなど多様化し、1隻の潜水艦で一国を何度も破壊できるほどの最強の攻撃力を有するに至った。

複数個別誘導再突入体付き潜水艦発射弾道ミサイル「トライデント」。現在では射程が約8000㎞と大陸間弾道ミサイルと同等となった。潜水艦が戦略兵器たるゆえんである（Photo/USN）

④については、潜水艦にとって静粛性能こそがもっとも重要な性能であるという考え方が確立していくのもこの時代の潜水艦の特長である。潜水艦は強みと弱点がはっきりしている。敵に先んじて探知・攻撃できれば潜水艦の勝利であり、逆に先に探知されれば、潜水艦ほど脆弱なものはない。いくら高性能で、最強の潜水艦であっても敵に探知されれば元も子もないのだ。

潜水艦を追い詰める対潜装備の進化

　このような潜水艦の飛躍的な進歩に伴い、ＡＳＷにも大きな変革の波が押し寄せた。ＡＳＷの第一歩は言うまでもなく、潜水艦を見つけることから始まる。

　初期のソ連の原潜や海上自衛隊の第二世代涙滴型潜水艦などは、現在のレベルから見るとかなり大きな雑音を発していた。その後は低雑音化が進んでいくが、それに対抗する遠距離探知システムも登場する。ＴＡＳＳ（Towed Array Sonar System：曳航式ソーナー）である。

　ＴＡＳＳによって、特に遠距離でも音源の減衰が少なく、対雑音化対策が困難な超低周波で潜水艦を探索することが可能となり、実に数十ヘルツかそれ以下の戦いとなった。

　また「うずしお」型、「ゆうしお」型が遭遇したＰ‐３Ｃショックの立役者となったソノブイシステムの登場も、特筆すべき進化である。当初のソノブイシステムは、リアルタイムで探知を哨戒機にリンクすることができなかったが、データの蓄積量などが向上し、潜水艦にとってより厄介な存在となっていった。さらにこれらセンサーで集めた情報を、戦術探知システムで統合するという運用が進んでいった。

　探知した潜水艦に対する、攻撃兵器についても改善が進んだ。対潜用の魚雷は、潜水艦の静粛性向上やデコイなどの欺瞞装置をかいくぐるホーミングシステムを高性能化し、非磁性体船体に対する新起爆装置も開発される。また大型潜水艦にも一撃で致命的なダメージを与えられる炸薬量の増大、雷速の高速化、

「はるしお」型の後部。左側に長く伸びているのがTASSの収納部である。写真艦尾からベント弁、フェアリーダー、油圧で収納できるボラードが並んでいる（写真／柿谷哲也）

護衛艦の飛行甲板上で運用中の無人対潜ヘリコプター「DASH」。護衛艦「みねぐも」型、「たかつき」型に搭載されたが、米海軍での運用中止を受け、護衛艦も設備を撤去し、アスロックに換装された（写真／海上自衛隊）

深々度にも耐えうる魚雷のエンジンの開発や耐圧などが進んでいった。

一方で、潜水艦に対抗する水上戦闘艦は、各国とも大型高速の駆逐艦と船団護衛を主とした比較的小型で中速の護衛艦の2本立てで建造が進んでいた。かつて水上戦闘艦の主要な対潜装備だった第二次世界大戦時の主役である無誘導の対潜迫撃砲ヘッジホッグに代わり、アスロック対潜ロケットや無人対潜ヘリコプター「ダッシュ」が登場する。これは今日の対潜兵器とは大きな違いはなく、現在アスロックはより高性能に、ダッシュは有人の対潜ヘリコプターに移行した。しかし、潜水艦の静粛性能が向上するに従い、水上艦の探知能力だけで潜水艦を探知することは困難となっていく。

いずれにしても潜水艦と対潜艦は、「いたちごっこ」と揶揄されるように潜水艦の性能が上がれば対潜能力が向上し、さらにそれを受けて潜水艦の性能も向上していくというシーソーゲーム的な状況が今日まで続いている。冷戦後期のこの時代、対潜戦は水上から水中にステージを変え、より高度な技術戦に移行していく転換期でもあった。

第四章

通常動力型潜水艦の頂点へ

――潜水艦対潜水艦の時代

「おやしお」型／「そうりゅう」型／「たいげい」型

葉巻型船体を導入し世界的なトップレベルに到達

平成8（1996）年10月、川崎重工神戸工場で新型潜水艦の1番艦が命名・進水式を迎えた。その名は「おやしお」。戦後初の国産潜水艦と同名であり、同じ建造所で建造され、かつその前身で、日本海軍の潜水艇、第6・第7潜水艇を建造した川崎造船所発足100周年を迎える節目の年の記念すべき進水となった。

海上自衛隊潜水艦にとって、国産第1号の潜水艦であった「おやしお」の艦名を、再び命名したのには意味があった。「おやしお」はこれまで三世代にわたって建造してきた涙滴型からついに脱却し、初の葉巻型船体の潜水艦として建造されている。しかし船型や性能のみならず、そのコンセプトにおいて画期的な潜水艦であった。おそらく涙滴型船体を採用したとき以上の意義を認めているからこそその命名だったのではないだろうか。

平成24年度自衛隊観艦式での「おやしお」型5番艦「いそしお」。「おやしお」型の形状がよく分かる。これまでの涙滴型から葉巻型となり、直線的な艦影となった（写真／柿谷哲也）

葉巻型となった船体以外には、外観上大きな違いがないように思えるが、その中身は前型をはるかに凌駕する。葉巻型の採用により可能となった船体の両サイドに設置したフランクアレイ・ソーナー（ソナー）、艦首のラバードームに収められたソーナーより、これまでにない探知能力を実現し、静粛性もさらに向上、対水上艦だけではなく、対潜水艦作戦、いわゆる〝サブサブ〟の能力を有する潜水艦として登場したのである。これは水中に重点を置いた「うずしお」型、静粛性を高めた「はるしお」型を踏まえての進化であり、ついに通常型潜水艦としては世界的なトップレベルにまで到達し、今日に至っている。

対潜水艦作戦を可能とした高性能「おやしお」型

「おやしお」型は第二世代涙滴型である「ゆうしお」型の代替艦として計画された潜水艦である。「おやしお」型は対潜水艦作戦を実行できる潜水艦として開発され、「はるしお」型よりさらにサウンド&バイブレーション、すなわち音と振動を抑えること目標として、雑音低減強化型を目指した。

先述の通り艦型が葉巻型に変更されたが、これは現在の水中速度であれば涙滴型と同様の水中運動性能が確保できること（水中で最も効率のよい船体形状は涙滴型である）、側面ソーナーすなわちフランクアレイ・ソーナーを装備するための選択であるといえる。

これに伴い、船体構造はこれまでの複殻式から部分単殻式となり、中央部の単殻部分は内フレーム方式、複殻部分は外フレーム方式となった。艦底にはバラストキールを装備し、航進性能も高めている。この「おやしお」型には、静粛性に重点を置いた「はるしお」型の基本設計が進められている段階で、すでに次期潜水艦用として研究がスタートしていた技術が盛り込まれている。それが側面ソーナー、すなわちフランクアレイ・ソーナーと、アクティブ・ソーナーの反射波を低減させる吸音材である。吸音材は初の特務艦となった先代の「いそしお」に装備され、その結果が良好だったため、「おやしお」型にも装備されることとなった。「おやしお」型では主船体の一部とセイルに装着されている。

艦首に備えられたソーナーも、ラバードーム化によって大幅な性能向上を果たしている。艦首ソーナーのラバードーム化については、先に「あさしお」が装備して実験し、その結果が極めて有効だったため、「おやしお」型への装備が決まった。

従来の潜水艦では、発射管の音だけでなく、スノーケル（シュノーケル）航走、すなわちディーゼル機関を稼働すると雑音が後ろから回り込みソーナーが聞こえなくなってしまっていた。つまり水測員はスノーケル航走になった時点で休憩するしかない。ラバーでソーナーを固めることが効果的であるということは分かっていたが、果たして水圧と速度にラバーが耐えることができるかが課題であった。それを解決したのが、ソーナードームの形状を保つため、自艦の速度に合わせてコントロールしながら内圧の圧力を変えるという方法だ。これにより自艦が発するディーゼル音が後ろから回り込むことを防ぎ、スノーケル中でも艦首ソーナーが使えるようになったのである。

フランクアレイ・ソーナーは「おやしお」型のもっとも大きな特徴であり、葉巻型船型を選択した理由でもあった。しかし、当初はフランクアレイ・ソーナーが艦内雑音を拾い、使い物にならないのではないかとの懸念があったという。実際、1番艦の完成後も再度艦内雑音の低減に努めた結果、フランクアレイ・ソーナーは期待された性能を充分に発揮し、さらに静粛性も高まったとされる。

外観上は葉巻型船体となったことで、「はるしお」型までの涙滴型よりも直線的なシルエットになった。また、セイルも側面から見ると従来のような円筒形ではなく、裾の広がった台形状になり大型化している。

後方から見た6番艦「なるしお」。垂直に立つのは縦舵、後部に伸びる細長いふくらみはTASSの収納部。艦尾の自衛艦旗は停泊中に掲揚される（写真／柿谷哲也）

艦首部にある逆探ソーナー。「はるしお」型から引き続き装備された。「そうりゅう」型、「たいげい」型にも同様に装備されている（写真／柿谷哲也）

「おやしお」型のセイル。側面には吸音タイルがびっしりボルト止めされている。後ろに伸びているのは可倒式のアンテナ（写真／柿谷哲也）

ただし、少数意見かもしれないが、大型化したことで後進や後甲板の作業がセイル天蓋上から見にくいなど、現場ではその小型化を望む声もあるようだ。

艦首は上部が発射管室で、下部がソーナーである。発令所はセイル下方で単殻部分となる。そのため涙滴型に比べて天井が高い。発令所を上下に貫通する潜望鏡の周りは、観測時の乗員の負担を軽減するため、周囲の床面より一段高くなっている。乗員はこれを俗に「中之島」と呼ぶ。

ここまでが単殻部分で、後方は複殻構造となり、居住区の後方に機械室、電動機室が続く。主機は「はるしお」型と同型の川崎12V 25／25Sを装備し、主電動機は550馬力増加している。スクリューは7枚翼のスキュードプロペラで、推進効率の向上と静粛化が図られた。

ソーナーは前述の艦首アレイ、側面のフランクアレイ、曳航アレイ（TASS）によって広範囲な探知が可能で、これらはキャッチする音の周波数の違いによって使い分けられている。そのほかにも、艦首上部に装備された逆探用ソーナー、戦術支援用アレイソーナー、戦術用アレイソーナー、雑音監視ソーナーなどが装備され、これらはすべてZQQ-6と呼ばれるソーナーシステムで統合、システム化されている。敵艦の捜索から、実際の攻撃段階まで、ZQQ-6は信号処理、その制御と表示などを一元化、優れた探知、識別、測的、追尾能力を発揮する。また、複数の目標に対する識別能力、自動追尾、対妨害排除能力も有するとされる。

魚雷発射管は533㎜魚雷発射管で、水圧式のHU-605を6門装備する。本型から艦首部中央に上下二段の俵積みで装備されるようになった。涙滴型は中央に配置されていたため、発射管は斜め外側に向いていたが、艦首首尾線配置に変更したことで、魚雷発射時の雷速がこれまでより速くなったと思われる。

魚雷は「はるしお」型の後期型と同様に、有線誘導アクティブ・パッシブ方式の熱航走魚雷、89式魚雷

「おやしお」型の操舵手席。「おやしお」型からコンピュータの制御が進み、ワンマン・コントロール方式に変わった。舵輪は飛行機の操縦桿のような形状である（写真／柿谷哲也）

発令所の左舷側。写真左手に見えるのは注排水管制盤。手前は従来まで後部区画にあった機械操縦盤。「おやしお」型から発令所で制御可能となった（写真／柿谷哲也）

発令所を艦尾から見る。右側のパネル類は戦闘用コンソールである。中央の潜望鏡の足元は一段高くなっていて、通称"中之島"と呼ばれる（写真／柿谷哲也）

「おやしお」型の魚雷発射管。涙滴型と異なり「おやしお」型は発射管が艦首に設置され、その下がソーナー室となった。艦首装備としたことで、発射時の速力制限がかなり緩和されたと思われる（写真／柿谷哲也）

を装備する。「はるしお」型より多数の有線誘導魚雷を同時に管制する能力を有し、6本の魚雷を同時に誘導できるようになったのは「おやしお」型からと思われる。そのほかにもハープーン対艦ミサイル、機雷を発射できる能力も有しているといわれている。

戦闘システムは戦術戦闘指揮装置に新型のZYQ-3が搭載され、ZQQ-6ソーナーシステムとデータリンクされている。

操艦はこれまでと異なり、ワンマンコントロール化された。従来は横舵と潜舵で1名ずつの操舵員が配置に就いていたが、これを1名の操舵員が飛行機の操縦桿のような舵で操作するようになっている。機関操縦も発令所で可能となり、基本的に機械室や電動機室は無人化された。

これらの自動化により、「おやしお」型の定員は、「はるしお」型の75名から70名に減っている。定員を1名欠いても出港できない潜水艦にとって、艦が大型化しているにもかかわらず定員が減るのは大変な側面もある。一方で艦が大型化されたこともあって、居住性などには余裕ができている。

「おやしお」型の機関室を艦首側から見る。写真手前左右にあるのは、発電機用の原動機である。本型より機関操作・監視は発令所で行えるようになった（写真／柿谷哲也）

「おやしお」型の士官公室。打ち合わせや幹部の食事の場だが、ソファは緊急時の応急手術台、ベッドにもなる。そのため照明も手術用に使用することが可能な仕様となっている
（写真／柿谷哲也）

水艦の士気の源は食事にあり。潜水艦の場合、特に楽しみやストレス解消の場が少ないので食事が最も重要視される（写真／柿谷哲也）

潜水艦隊で最古参の現役潜水艦

現在、海上自衛隊は潜水艦を三型式保有しているが、その中で最古参が「おやしお」型である。「おやしお」型は1番艦ＳＳ５９０「おやしお」が平成10（１９９８）年3月に川崎造船神戸工場で竣工して以後、毎年三菱重工神戸造船所とローテーションで1隻ずつ竣工していった。最終番艦ＳＳ６００「もちしお」が平成20（２００８）年3月に竣工し、「おやしお」型は全11隻の建造を完結している。同型艦11隻は、「そうりゅう」型の12隻に次いで多いが、「そうりゅう」型が11番艦から事実上の「そうりゅう改」型となったことを考えれば、現在でも海上自衛隊の潜水艦で最も同型艦の多いタイプだったといえるかもしれない。

潜水艦は就役後ほどなくセイルに書かれていた艦番号が消されてしまうので、個艦の識別はほとんど不可能になる。しかし川崎と三菱、二つの造船所のどちらで建造されたかは、外観上見分けることができる。セイル両サイドにある潜舵上への出入り口のハッチの角に、丸みがあれば川崎造船所、角張った四角なら三菱造船所である。

「おやしお」型では、前型「はるしお」型までの教訓から、極力どの艦に乗っても乗員が戸惑うことのないように、仕様の共通化が図られている。とはいえ、竣工後に固体アミン式炭酸ガス吸収装置を3番艦ＳＳ５９２「うずしお」から装備し、主電動機への電機子チョッパーを4番艦ＳＳ５９３「まきしお」から採用、8番艦ＳＳ５９７「たかしお」から昇降式アンテナが装備されるなど、同型艦でも若干の相違が見られる。また、後期建造艦からは艦外装に強化プラスチックであるＦＲＰを装着している。

余談だが、11番艦ＳＳ６００「もちしお」は、命名・進水式を迎えるにあたり、艦番号がどうなるのか

平成18年に撮影された、呉の潜水艦バースにずらりと並ぶ潜水艦群。ほとんどが当時の主力「おやしお」型で、右奥に「はるしお」型も見える。セイルの横にある潜舵へのハッチの角が丸い船は川崎重工製、角ばっているのが三菱重工製である（写真／上船修二）

が注目された。10番艦「せとしお」がSS599だったため、次の艦番号がそのまま連番で600番台に突入してSS600となるのか、それとも「くろしお」以降すべての潜水艦は500番台であることから、最初に戻ってSS501となるのかというわけだ。というのも、すでに600番台が掃海艇に付与されていたためである。

フタを開けてみれば、「もちしお」にはあっさりとSS600が付与された。これは推測であるが、「SS501」は次の新型潜水艦の1番艦に付与したいと考えたのではないだろうか。もしくは、「10」までは一の位ということで、「600」は501から600までの500番台、という解釈ではなかいと想像する。いずれにせよ、「もちしお」は海上自衛隊史上、唯一600番台の艦番号を持つ潜水艦ということになった。

令和5（2023）年現在、すでに「おやしお」型は退役が始まっている。1番艦「おやしお」はTSS3608の練習潜水艦に種別変更後、令和5（2023）年に除籍となり、2番艦「みちしお」はTSS3609、4番艦「まきしお」はTSS3610の艦番号を付与されて練習潜水艦に種別変更されている。そのため潜水隊群には、呉の第1潜水隊群に3隻、横須賀の第2潜水隊群に5隻の計8隻が配備されている。

22隻体制への移行と艦齢延長工事への挑戦

平成22（2010）年に決定した22大綱（防衛計画の大綱）によって、海上自衛隊の潜水艦はこれまでの16隻態勢から、22隻態勢に移行することになった。しかし、ことは建造隻数を増やせばいいという単純な話ではない。もし年間の建造数を増やしてしまうと、22隻を充足し終わった段階で、建造する設備が余ってしまい、民間に負担を強いることになる。

年間の建造数を上げられないのであれば、これまで16年で第一線を退いていたサイクルを、6年延長する工事を実施しなくてはならない。そして今後新たに建造する潜水艦は、従来16年もてばよかったところを、最初から22年もつように寿命を延長しなくてはならない。これは海上自衛隊の潜水艦にとって、初の試みとなる。その最初の取り組みとなるのが「おやしお」型である。

では、実際にはどのような艦齢対策が実施されるのであろうか。海上自衛隊では平成22年から対象潜水艦の調査に入り、各艦の船殻強度、耐圧性能、各種装備といった、いわば健康診断を行い、静粛性が保た

水上航走中の「おやしお」型。現在の潜水艦は水中運動性能を重視しているので、水上では造波抵抗があり、天候によっては船体が転がるように揺れることもあるという（写真／柿谷哲也）

れているかを確認しているとされる。その上で、実際に艦齢を延長するには、具体策としてなにが必要とされ、予算としていくら必要なのかを算出していると推測できる。

これまでなら16年で第一線を退くことになっていたため、「おやしお」型は平成26（２０１４）年には練習潜水艦への種別変更が始まってもよい時期であった。しかし、延命工事を実施することにより「おやしお」型各艦のリタイアが延期され、「そうりゅう」型７番艦が就役する平成28（２０１６）年、ついに戦後初の17隻に達した。以後、１隻ずつ増勢が進んでいき、最終的に令和４（２０２２）年に新型の「たいげい」型１番艦就役によって、22隻体制が完成したのである。

これにより常時警戒監視に従事できる潜水艦は８隻となり、緊急時には16隻の運用が可能となるであろう。そうなれば米海軍の攻撃型原潜の応援を得ずして相手の潜水艦の行動を制約し、水上艦艇の自由な活動をもある程度封じることが可能であると思われる。

海上自衛隊初のＡＩＰ搭載潜水艦「そうりゅう」型

「おやしお」型に続く新型潜水艦は、海上自衛隊初となるＡＩＰ（Air-Independent Propulsion：非大気依存推進）システム搭載艦として計画された。初の試みとあって、ＡＩＰの研究試作は三段階で進められていく。まずＡＩＰの研究開発や実験などが、平成2（1990）年から開始され、平成9（1997）年まで続けられる。平成11（1999）年からＡＩＰシステムの開発試作を行い、平成13（2001）年には練習潜水艦「あさしお」に特別改装を実施してＡＩＰを搭載、技術試験を繰り返した。

一方、平成7（1995）年には新型潜水艦として開発態勢が固まり、翌平成8（1996）年に試作予算の要求が出され、平成9年から試作が開始される。併せて次期潜水艦のシステムとして、平成7年から艦制御システムの机上検討を開始、平成10年から開発試作が行われる。並行して武器システムの机上検討も平成7年からスタート、平成9年から開発試作に入った。

平成15（2003）年、ついに建造予算要求が実施され、平成16（2004）年から建造が開始された。こうして平成21（2009）年3月、「そうりゅう」型1番艦、ＳＳ501「そうりゅう」は三菱重工神戸造船所で竣工したのである。

本型以前、海上自衛隊の潜水艦の命名基準は、海象もしくは水棲動物とされてきた。具体的には海象にあたる「なみ」「しお」が挙げられるが、「なみ」はすでに護衛艦の艦名として古くから用いられてしまっているので、潜水艦はもっぱら「しお」の艦名を踏襲してきた。その数は「おやしお」型最終番艦の「もちしお」まで、実に46隻にも及ぶ。途中、「しお」からの脱却も検討されたが、むしろ用兵側からの反対が強かったようだ。しかし、その長きにわたって使われてきた「しお」も、ついに「そうりゅう」型で途絶えることになった。

しかし海象もしくは水棲動物ということであれば、「そうりゅう」はそれに入らない。これは平成１９（２００７）年に行われた命名付与基準の改正によって、「瑞祥動物」の名が使えるようになったことによる。「瑞祥動物」とは縁起のいい動物ということで、「りゅう」もそれに含まれるということである。

艦番号も「おやしお」最終番艦「もちしお」のＳＳ６００から連番でＳＳ６０１とはならず、海上自衛隊初の潜水艦「くろしお」と同じＳＳ５０１に戻っている。艦名といい艦番号といい、海上自衛隊が「そうりゅう」型にかける意気込みがうかがえるというものであろう。

平成20年10月15日に進水式を迎えた「そうりゅう」型2番艦「うんりゅう」。部外では「そうりゅう」の次は「ひりゅう」と命名されるのではと期待されたが、その名は海上保安庁の消防艇に命名されており実現しなかった（写真／海上自衛隊）

「そうりゅう」型はAIPを搭載し、通常型では当時世界最大、かつ高性能を誇る。現在、性能向上型も含めて同型艦12隻が就役している海上自衛隊の主力潜水艦であり、22隻体制の中核となっている（写真／海上自衛隊）

ＡＩＰ機関がもたらした潜水艦にとっての大きな利点

「そうりゅう」型最大の特長は、先述のようになんといっても我が国初のＡＩＰ機関を装備した潜水艦であるということである。海上自衛隊は原子力潜水艦を保有しないため、すべての潜水艦は「在来型」といわれるディーゼル・エレクトリック方式で推進している。これは大気を取り入れる内燃機関であるディーゼルエンジンによって発電機を動かし、それによって得られた電力は同時に電池に蓄電され、この電力を制御して、希望する回転数で電動機を回転させて推進力を得るという方式である。

内燃機関であるディーゼルは大気を取り入れなければならず、潜航中はスノーケルを使用する。しかし、敵威力圏下などではスノーケルも出せないため、作戦行動中は電池からの電力で電動機を回転させて推力を得る。つまり日本の在来型潜水艦とは、すなわち電池力潜水艦なのである。

しかしこの方式の場合、常に電池の充電量が行動を制約することになる。水中速力20ノットといっても、全速航行すれば電池に蓄えられた電力をたちまち消費してしまう。これまでの潜水艦であれば、再充電するためには被発見のリスクが高まるスノーケルを使用して、ディーゼルを動かすしかない。そこで在来型の潜水艦でも大気に依存する内燃機関による充電に頼ることなく、潜航したままの長期間行動を可能とするのがＡＩＰ搭載潜水艦である。

ＡＩＰにはいくつかの方式がある。スターリングエンジン（ＳＥ：Stirling Engine）、燃料電池、クローズドサイクル・ディーゼルエンジン（ＣＣＤ：Closed Cycle Diesel Engine）などだ。しかし燃料電池は発電効率が低く、ＣＣＤは雑音発生が避けられない。さまざまな検討の結果、「そうりゅう」型に導入されたのは、スウェーデン海軍で実用試験段階にあったＳＥであった。

ＳＥ機関はディーゼルのような内燃機関ではなく、燃焼がシリンダーの外で行われる外燃機関である。気体は温めれば膨張し、冷やせば収縮する。この膨張と収縮のサイクルで物を動かす原理を活かしたのがＳＥだ。

「そうりゅう」型の場合、艦内に搭載された液体酸素タンクからの酸素と、ケロシンとの燃焼により発生する約８００度の熱を、熱交換器でヘリウムガスに伝え、ガスを膨張させる。膨張したガスを海水によって冷却すると、ガスは逆に圧縮する。この膨張と圧縮のサイクルによってピストンが上下するのである。潜水艦の機関として見た場合の最大の利点は、非大気依存機関であるということと、優れた静粛性にある。その反面、発電力はさほど大きくなく、高速性能は望めない。

しかしＳＥの搭載によって、「そうりゅう」型は従来の潜水艦とは全く異なる能力を得た。在来型の潜水艦が原子力潜水艦に劣るのは、機動力が不足している点だ。原子力潜水艦はまったく浮上する必要がないため、水中での高速性能をいかんなく発揮できるが、在来型潜水艦は低速力での行動を作戦の前提とせざるを得ない。水中で高速力を発揮するのは、敵艦船に対する近接や敵からの攻撃の回避など、イザというときのいわばダッシュをする際に限られる。不用意に使用すれば、たちまち蓄電量を消費してしまうからだ。敵勢力圏下ではスノーケルによる充電は不可能であるから、イザというときのことを考え、常に畜

「そうりゅう」型のAIP室。スターリング機関は両舷で2基ずつ設置されている。機関そのものは防音、防熱のため囲いで覆われていて、丸い窓からしか確認できない（写真／柿谷哲也）

「そうりゅう」型の主機械室。従来通り通常のディーゼル機関も搭載している。ディーゼル、電池、AIPの中から最適な推進方法を選択できる、ハイブリッドと考えてよい（写真／柿谷哲也）

「そうりゅう」型の科員食堂。やはり狭く、当然ながら全員一度に喫食することはできず、当直以外の乗員が交代で食事をとる。人気レストランのように順番待ちの列ができることもしばしば（写真／柿谷哲也）

「そうりゅう」型の士官公室。卓上にはすでに食事の用意が整っている。黒い椅子は艦長専用で、「おやしお」型が舷側側だったのに対し、「そうりゅう」型から艦首側になった（写真／柿谷哲也）

電量の残量を頭において行動しなければならない。

その点ＳＥがあれば、スノーケルを行わず長期間作戦海域に留まれる。イザというときまで、潜航したままフル充電を保つことができるということだ。襲撃を行う最終段階まで蓄電量を減らすことなく、敵艦船にＳＥでじっくり近づくことができる。攻撃・待避の瞬間まで蓄電量を気にしなくてもよいという余裕は、在来型潜水艦としては行動上極めて有利だ。そして心理的にも優位に立てるのである。

科員居住区。三段ベッドですさがに狭いが、唯一のプライベート空間である。胡坐をかいて座ることもできない狭さだが、慣れると意外に落ち着く空間になるという（写真／柿谷哲也）

ＡＩＰによって長時間潜航が可能になったため、艦内空気の浄化対策にも工夫がこらされている。艦内の酸素供給は、液体酸素の余剰利用でまかなえるとしても、長時間潜航による一酸化炭素対策が必要となるためだ。その対策として、一酸化炭素除去装置が装備された。水素ガス吸収装置と同じく、酸化触媒による結合で除去するものである。ちなみに「そうりゅう」型では、何時いかなる場合も艦内は全面禁煙となった。易可燃・爆燃性である液体酸素の危険性に配慮したものと思われる。
また、ＡＩＰ機関が必要とする巨大な液体酸素タンクを設けるなどしたため、「おやしお」型と比較して全長が２ｍ、基準排水量でも１５０トン増えたものの、艦内スペースはかなり圧迫されており、居住性は前型「おやしお」型よりむしろ若干悪化しているようだ。

「そうりゅう」型に盛り込まれたさまざまな新機軸

ＡＩＰだけではなく、「そうりゅう」型には従来の海上自衛隊の潜水艦にはないさまざまな新機軸が盛り込まれた。主なものとして、非貫通潜望鏡、永久磁石電動機、セイル艦首側基部に設けられたフィレット（整流覆い）、反射材・吸音材の追加装備、Ｘ舵、潜水艦のネットワーク化による戦術情報処理能力の向上――などが挙げられる。

これまでの潜望鏡は複数のプリズムとレンズの組み合わせにより光学的に艦内から外界を見るため、潜望鏡が内殻を貫通していたのに対し、非貫通潜望鏡はその名の通り内殻を貫通していない潜望鏡である。この潜望鏡はマストの先に備えられたデジタルカメラを通し、映像をデータとして撮影するため、内殻を貫通して光を通すマストが不要となった。映像はケーブルによって発令所に送られ、高解像度の画像でディスプレイに表示される。

これまでの潜望鏡は敵のレーダーに探知されないように極めて短時間だけ露頂させて旋回させ、低倍率と高倍率を組み合わせて人力と裸眼だけで目標を発見しなくてはならなかった。しかも潜望鏡を覗き込めるのは、艦長あるいは哨戒長など一人だけである。しかし非貫通潜望鏡はディスプレイに表示されるため、

非貫通式潜望鏡のモニター。これまで潜望鏡は覗き込む者しか見ることはできなかったが、モニター投影で同時に多くの乗員で確認ができ、録画も可能となった。ジョイスティックにより方向や倍率が簡単に操作できる（写真／Jシップス編集部）

「そうりゅう」型の発令所。艦長が操作しているのが非貫通潜望鏡のモニター。発令所内の基本レイアウトは「おやしお」型に近い（写真／柿谷哲也）

「そうりゅう」型より採用となった非貫通式潜望鏡1型。この非貫通式潜望鏡が1本、もう1本は従来通り貫通式の光学式潜望鏡を備えている（写真／Jシップス編集部）

同時に多くの乗員が見ることができ、しかも画像を録画することも可能である。

近年、航空機に搭載されているＩＳＡＲレーダー（Inverse Synthetic Aperture Radar：逆合成開口レーダー）が極めて高性能になった。これまでは探知されそうになれば、ＥＳＭ（レーダーの逆探知装置）によってそれを察知し、スノーケルマストや潜望鏡を格納して被探知を回避できた。しかしＩＳＡＲレーダーは、極めて遠距離から探知が可能で、潜水艦にとって新たな脅威となっている。しかしさすがのＩＳＡＲレーダーも、同じ場所で複数回の電波反射が必要とされる。非貫通潜望鏡の短時間の露頂であれば、潜望鏡を探知される可能性は極めて低いといえる。

永久磁石電動機は、雑音低減に大きな進歩をもたらした。潜水艦の推進発電機は、長年にわたり直流発電機を使用してきた。その利点として、制御性の高さ、蓄電池のマッチングのよさが挙げられ、小型で低振動の優れた電動機ではあった。

しかし一般産業分野では、半導体の開発により、すでに直流電動機は可変速が可能な大型の交流発電機へとって代わられつつあり、潜水艦用にも永久磁石電動機の開発、装備が検討されたのである。その結果、速度切り替えが容易であること、コイルを使用せずに磁石だけで磁力を得ることができ、磁巻線がなく電力を供給するためのブラシが不要で設計の自由度が高い、冷却が不要など、多くの利点が生まれた。かくして「そうりゅう」型にも永久磁石を用いた新型の交流電動機の搭載が決まる。無段階で速度変換を制御でき、整備性も向上、従来に比べさらに静粛性が高く小型軽量と、非常に優れた電動機となった。

フィレットも「そうりゅう」型から導入された。セイルの艦首側基部に装着され、セイル付近の水流を整え、雑音発生を制御するもので、外観上の特長にもなっている。

反射材、吸音材は「おやしお」型でも装着されていたが、予算上の都合もあり、最も効果がある部分だけに装着されていた。「そうりゅう」型ではこれまで装備していなかった部分にも装着され、船体すべてが反

水上航走中の「そうりゅう」型。一見「おやしお」型とよく似ているが、セイル前のフィレットと呼ばれる整流覆いで容易に識別できる。船体にも反射材が全面に装着されており、つや消しに見える船体が「おやしお」型と印象を異にする（写真／柿谷哲也）

これまでの潜水艦は横舵（姿勢制御）、縦舵（進路変更）の十字の舵であったが、「そうりゅう」型はX舵としたことで旋回半径が短くなり、海底に沈座する際は舵も損傷しずらい（写真／柿谷哲也）

「そうりゅう」型の外見上の最大の特徴である艦尾のX舵がよく分かる。海上自衛隊ではX舵を「後舵」という。セイルトップには非貫通潜望鏡も確認できる（写真／柿谷哲也）

「そうりゅう」型の操舵手席。本型から2本のジョイスティックによる操舵に変わった。舵の効きは非常によいそうだ（写真／柿谷哲也）

射材と吸音材で覆われることになった。反射材と吸音材は敵からのステルス性能を向上させるだけでなく、艦内からの雑音を封じ込める効果もあり、一層の静粛性が期待できる。また、艦内の静粛性を高めるため、AIP区画には後の「たいげい」型で本格的に導入されることになる浮甲板が採用されている。

従来の潜水艦は艦尾の後舵装置として横舵（縦方向の姿勢制御）と縦舵（横後方の針路変更）を十字型に配置していたが、「そうりゅう」型はそれをX型に配置したX舵とした。X舵は艦の大型化に伴い、旋回半径が大きくなるのを防ぎ、沈座などの際に舵の損傷を避ける効果がある。またスクリューから離して装備できるので、スクリューに流入する水の流れを整え、流体雑音低減にも効果があると期待されている。実際、艦長に操艦の感想を聞くと、入出港作業、特に後進がやりやすくなったと評価が高い。

最後に「そうりゅう」型の特長で見落とされが

ちなのが、本格的なネットワーク化の導入による戦術情報処理能力の向上である。統合制御システムは大別すると艦制御システムと武器制御システムがあり、それら統合処理を行うのが、戦術情報処理装置（ＴＤＰＳ：Tactical Data Processing System）で、ネットワークの中心にあり、各センサーや武器はＴＤＰＳを通じて情報収集や情報処理を行う。艦制御システムは、戦術情報システム（ＴＤＳ：Tactical Data System）に、ＴＤＢＳのセンサー情報、航海情報、艦外の情報など、すべての情報が表示可能で、艦長はＴＤＳを確認しながら意思決定ができる。さらに艦長と同じ画面は、各配置でも確認し、情報共有することが可能である。

発令所右舷に並ぶ潜水艦情報表示装置、通称MFICC。これらの各モニターは共通で、目的に応じて用途を切り替えることができる（写真／柿谷哲也）

「そうりゅう」型の魚雷発射管室。本型は艦首に6門の魚雷発射管を装備し、上段に2門、下段に4門の俵積み配置となっている（写真／Jシップス編集部）

武器制御システムは、各センサーや武器の表示、制御が潜水艦情報表示装置（ＭＦＩＣＣＴ：Multi Fancition Intelligence Control）によって行われる。「そうりゅう」型の発令所には6台のＭＦＩＣＣＴが並ぶが、どのコンソールでも求めるセンサーや武器の制御プログラムを起動すれば、場所を選ばずその機能が使用できるようになる。

次期潜水艦に求められる性能向上策

現在、「そうりゅう」型は同型艦12隻が竣工し、建造を完了している。平成21年の1番艦ＳＳ５０１「そうりゅう」就役以降、平成25（２０１３）年のＳＳ５０５「ずいりゅう」まで、年1隻のペースで建造され、1年空いて平成27（２０１５）年のＳＳ５０６「こくりゅう」以降、最終の12番艦ＳＳ５１２「おうりゅう」が令和３（２０２１）年に就役するまで建造が続いた。令和5年現在、8隻が呉の第1潜水隊群に配備され、4隻が横須賀の第2潜水隊群に配置されている。

世界初のLi電池搭載艦の登場

「そうりゅう」型は同型艦12隻とされるが、実は11番艦以降はそれ以前の同型艦とは大きな違いがある。11番艦はＳＳ５１１「おうりゅう」と命名されたが、本艦は「そうりゅう」型最大の特徴だったＡＩＰであるＳＥを搭載せず、鉛蓄電池に代えてリチウム・イオン（Li＝Lithium-ion）電池を搭載する世界初の潜水艦として就役した。

Li電池は次期新型潜水艦用として計画され、平成29（２０１７）年度計画「３０００トン」型潜水艦、通称「29ＳＳ」からの搭載が予定されていた。しかし早期実用化の目途が立ったことで、後に「おうりゅう」となる「そうりゅう」型11番艦「27ＳＳ」へ前倒しで搭載されたのである。そのため、三菱重工業で建造する「おうりゅう」に続き、川崎重工業で建造する最終12番艦ＳＳ５１２「とうりゅう」へも搭載された。この2隻は「そうりゅう」型ではあるが、俗に「そうりゅう改」型とも呼ばれている。

Li潜水艦の利点と特長

現在、国産の通常動力潜水艦を建造する能力を有する国はわずかだか、その中でもLi潜水艦実用化を成し遂げたのは我が国が初である。Li電池は高密度・高容量・高コストが必要とされているため、我が国の高い潜水艦技術が示されたともいえよう。

Li電池の特長としては、鉛電池が電解液の化学反応で電気を得るのに対し、有機電解液中の正負極間をリチウム・イオンが移動することで電気を得る点にある。鉛電池の約2倍のエネルギーを作り出せるとされ、化学反応がないので寿命が長く、電解液の変化もない。また、鉛電池は化学反応の関係で急激に電池電圧が低下するが、Liは電池電圧の低下が緩やかという特性を持つ。

平成25年に撮影された呉の潜水艦バース。「おやしお」型4隻、「そうりゅう」型2隻、除籍された「はるしお」型1隻が確認できる。この頃はまだ「はるしお」型も現役に残っている艦があり、「そうりゅう」型はほとんどが呉の第1潜水隊群に配備されていた（写真／Jシップス編集部）

横須賀の第2潜水隊群は、従来ヴェルニー公園から望める米海軍の桟橋に隷下の潜水艦を係留していたが、令和3年頃から長浦地区に整備された新しい桟橋への係留が主となってきている。写真に写る潜水艦は5隻中4隻が「そうりゅう」型で、主役の交代を実感させる（写真／松本晃孝）

さらに重要なのは、鉛電池につきものだった水素ガスが発生しないことだ。鉛電池は電池温度に比例した電圧以下で充電しないと、電解液の電気分解から水素ガスが発生してしまうため、せっかく高馬力のディーゼル機関を搭載しても、短時間の急速充電ができない。Liは化学反応を伴わ

令和2年3月、引渡式を終え、就役を果たした「おうりゅう」。リチウム・イオン電池を搭載した潜水艦は世界初であり、後継の「たいげい」型の先行生産型ともいえる。外観上は10番艦までと全く見分けがつかない（写真／花井健朗）

ないので、急速充電が可能となるのだ。

メンテナンスにおいても鉛電池は手間がかかっていた。停泊中に一定の間隔で充放電を行い、電池機能の回復を行わなければならなかったが、Liは基本的にメンテナンスフリーである。

Li潜水艦は放電効率が高いため、静粛性を維持しつつも中速域での水中行動力が大きく向上する。また、電池力潜水艦にとり頭痛の種だった電池残量に対する注力を大きく減じることができ、行動や作戦に集中ができるという利点もある。さらにスノーケルを活用しての充電が短時間で可能となる利点も大きい。

また、推進器にはこれまで金属を使用してきたが、「おうりゅう」からは複合材を使用している。これにより振動抑制や発生雑音の低減が期待できる。

こうした特長からLi潜水艦は、従来より水中行動力の継続性と回復性が大きく向上した潜水艦となったといえる。原子力推進を搭載できない我が国の次世代潜水艦として大きな躍進となるに違いない。

Li搭載の本命となる最新潜水艦「たいげい」型

1番艦が平成29年度計画で建造され、令和4（2022）年3月に就役した海上自衛隊最新の潜水艦が「たいげい」型である。「そうりゅう」型の11番艦、12番艦で導入したLi電池を1番艦SS513「たいげい」から搭載し、新型ソーナーシステム、新型戦闘管理システム、浮甲板構造、新型魚雷など、多数の新機軸が盛り込まれた。

計画時、新型潜水艦に求められた主要要件は以下の内容である。

① 被探知防止・耐衝撃構造→隠密性向上
② 新型ソーナーシステム→先制探知能力の向上
③ 新型スノーケル発電システム→新型ディーゼル機関の開発
④ 新型魚雷→18式魚雷の搭載

船体としては従来の「おやしお」型、「そうりゅう」型と同様、第3世代の葉巻型を採用した。「おやしお」型と「そうりゅう」型ではX舵やセイルの形状の違いから比較的容易に判別できたが、基準排水量や全長・全幅も「そうりゅう」型とほとんど変わりはなく、外観上大きな差異はない。細かに比較すると、「たいげい」の方がセイルの厚みがあり、上甲板も少し広くなって、正面から見るとボリューム感がある。これはLi搭載に伴い、新しいスノーケルシステムと新型機関の搭載により、給・排気管の直径が大きくなったことによるものと推測できる。

外観からは分からないが、艦内の区画については大きく変化した。「おやしお」型は、第1防水区画に魚雷発射管室、科員居住区、前部脱出筒、第2防水区画に発令所、艦長室、電信室、電子機器室、居住区、

横須賀に並ぶ「たいげい」(右)と「そうりゅう」型。外観上はほとんど変わらずなかなか見分けがつかないが、よく見ると上甲板から舷側にかけてのラインにボリューム感がある(写真／柿谷哲也)

前部電池室、第3防水区画に中部昇降筒、士官室、科員食堂、後部電池室、第4防水区画には機械室、後部脱出筒、第5防水区画に電動機室という5区画になっていた。「そうりゅう」型は第1防水区画から第3防水区画までは「おやしお」型と同一だが、AIPが搭載されたため、第4防水区画がAIP室（11、12番艦は補機室）、第5防水区画が機械室、第6防水区画が電動機室という6区画である。

これに対して「たいげい」型の構造は大きく異なり、3区画となっている。

また、船体構造として新たに浮甲板構造が採用された。この浮甲板は「そうりゅう」型のAIP区画に採用されていたが、「たいげい」型では全面的に採用されたのだ。これは各種装備品を設置する潜水艦内の甲板面を、防振・緩衝機構を介して船体に設置するという構造である。つまり甲板全体を支持装置で支え、内殻と甲板を絶縁する構造になっており、装備品からの船体に伝わる振動や音を艦外に伝搬することを減少させる効果がある。

潜望鏡はすべて非貫通型を採用した。これにより発令所のレイアウトは大きく変化している。従来の潜水艦の発令所には太い潜望鏡があり、艦長などが潜望鏡を覗き込んで取り回している姿が象徴的であったが、「たいげい」型にはそうした接眼部を有する光学潜望鏡はない。また潜望鏡を光学的に見る必要がなくなったため、夜間の哨戒の際に目を暗闇にならすための赤灯の必要がなくなった。

発令所の左右には大きなディスプレイを備えた標準コンソールが並び、中央に潜望鏡用のモニターが設置されている。こうしたレイアウトは、潜望鏡やＥＳＭ（電波探知装置）のデータがデジタル化されたため、セイルを経由して光学装置や配線類が発令所への自由な位置に設定できるようになったからである。潜水艦の潜航浮上やトリム調整、スノーケル制御などを行うバラスト・コントロールパネルからもトグルスイッチ類がなくなった。これらは専用のコンソールパネルではなく、ディスプレイで使用用途が設定できるようになっている。その昔、緑のパネルに赤などのシグナルが点灯し、「クリスマスツリー」などと揶揄されていたのは遠い昔になった。

ソーナーは新型ソーナーシステムＺＱＱ‐８が装備された。艦首アレイが大型化し、有効開口面積が拡大され、シリンドリカルアレイからコンフォーマルアレイとなった。コンフォーマルアレイとは、艦の外側の形状に合わせて（すなわちコンフォーマル）、ソーナーを構成するハイドロフォンを配置（すなわちアレイ）する方式である。艦首の中にハイドロフォンを円柱状に配置していたシリンドリカルアレイが、その外側に出てコンフォーマルとなるため、開口面積が大きくなる。開口面積が大きくなると、ソーナーの感度がよくなり、より低い周波数の音まで探知できるようになる。たが、その反面、かなりの電力量が必要となったという。

曳航ソーナー（ＴＡＳＳ）も探知能力の向上が図られた。これまでのＴＡＳＳは曳航時に潜水艦が回頭してしまうと、その間に探知されたデータの計算が困難となり、目標をロストしていた。「たいげい」型のＴＡＳＳは回頭しながらでも複雑な目標解析が可能となり、探知精度が落ちない機能がある。その他のソーナーは従来通り側面アレイ、逆探アレイで構成される。

機関は、自動化により省力化が進められているが、「そうりゅう」型と同様Ｖ型12気筒の川崎12Ｖ25／25Ｓディーゼル機関２基を搭載している。しかし４番艦のＳＳ５１６「らいげい」からは同じく川崎重工製の新型で、川崎12Ｖ25／31型ディーゼル機関を搭載することになる。これはLi電池の特長を最大限に発揮できるよう、発電効率を強化した新しいスノーケルシステムに対応した新型ディーゼル機関である。この新型機関により、連続定格が30％引き上げられ、２モード出力運転が可能になる。

２モードとは従来から定義されている連続定格出力に加えて、約10分間限定で約３ＭＷの電気出力をスノーケル航走において確保できる短時間定格出力が利用可能となるモード。これは短時間でも出力の大きな発電ができるようにするのが目的の機能である。そのほかにも、スノーケル発電システムの放射雑音が従来型より少ない、燃料消費率が少ないなどの特長がある。

この新型スノーケル発電システムの開発は、技術本部が開発試作を始め、川崎重工も交えて15年にも及んだ。その労苦がようやく「らいげい」で報われることになる。

推進器は「おうりゅう」に続いて複合材を採用、振動抑制や発生雑音の低減を図っている。

兵装は、従来と同様魚雷発射管６門と変化はなく、魚雷、ハープーンＵＳＭ（Underwater to Surface Missile＝水中発射対艦ミサイル）、カプセルによる機雷敷設といった機能は変わらない。ただし、搭載魚雷はこれまでの89式魚雷に加えて新型の18式魚雷が搭載された。18式は従来通りの有線誘導のホー

発令所の全景。共通型のコンソールが左右と奥に並んでおり、どれでも同じように、必要な機能を呼び出して使用できる。中央にあるのが非貫通式潜望鏡を操作したり、映像を見たりするためのコンソール。手前が2番潜望鏡、その奥が1番潜望鏡に対応する。潜望鏡がすべて非貫通型式になったこともあり、発令所の景色は一変した。発令所の前端が行き止まりとなり、艦橋に上がる経路が変わったのも本艦の特徴（写真／柿谷哲也）

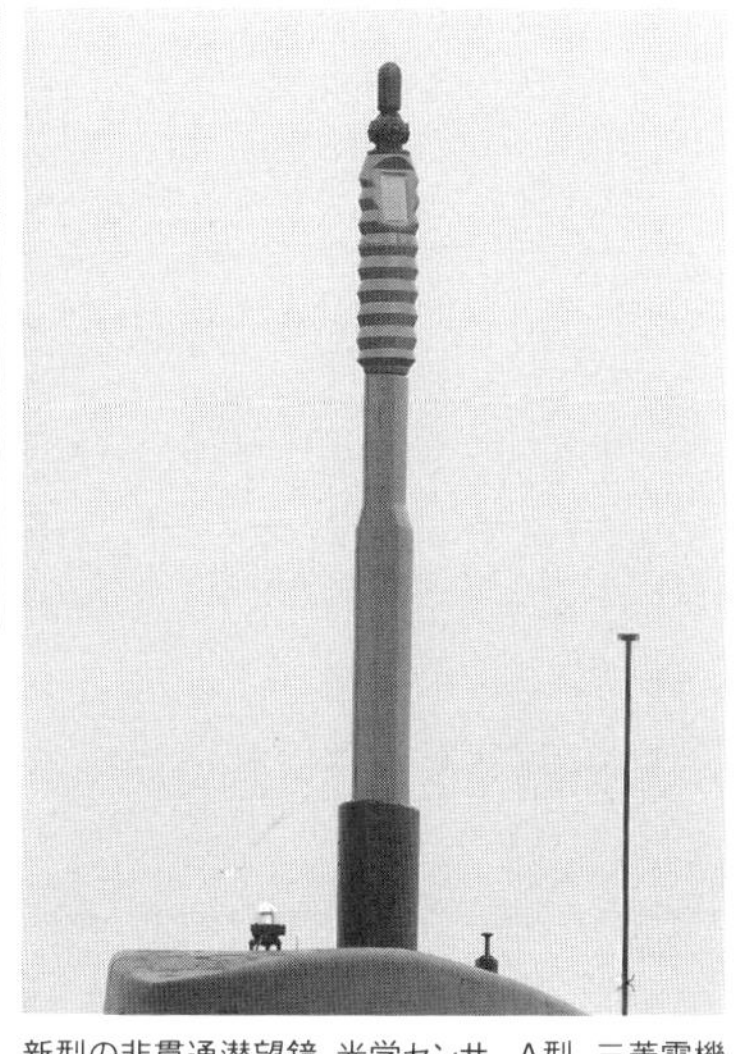

新型の非貫通潜望鏡、光学センサーA型。三菱電機製だが、光学系はニコン製。「そうりゅう」型と同型のタレス製非貫通式潜望鏡も装備する（写真／柿谷哲也）

操舵スタンドもほかと同じコンソールを使用しているようだが、舵を動かすためのジョイスティックがあるのが相違点。一方で、昔ながらの傾斜計が維持されている様子も分かる（写真／柿谷哲也）

ミング魚雷だが、魚雷欺瞞装置への対処能力、浅深度の音響特性への対応、新型の起爆装置を備える。そのほか、艦内ネットワークを通じ、「そうりゅう」型以上に機関制御システムと武器システムの統合を進化させている。

居住性においては、高密度艤装は変わらないため、乗員のスペースは少ない。本型より女性乗員の区画が当初から設けられたが、そのスペースも極めて小さい。

令和5年現在、令和4年3月に就役した1番艦ＳＳ５１３「たいげい」が横須賀の第4潜水隊、令和5年3月に就役した2番艦ＳＳ５１４「はくげい」

「たいげい」型の発射管室の全景。写真奥に上に2基、下に4基、合計6門の魚雷発射管が配置され、この構成は「おやしお」型以降変化はない。魚雷保管用のラックは上下2段の構成で、写真では寝台が仮設されている。通路の床が高くなっているのは、ここに魚雷搭載用のスキッドが組み込まれているため
（写真／柿谷哲也）

が呉の第1潜水隊に配備されている。3番艦ＳＳ515「じんげい」、4番艦ＳＳ516「らいげい」まで命名・進水済みで、それぞれ令和6（2024）年3月、令和7（2025）年3月と、1年ごとに就役していく見込みである。また、令和8（2026）年就役予定の03ＳＳ、令和9（2027）年就役予定の04ＳＳまで、予算が承認されている。

「平成31年度以降に係る防衛計画の大綱について」では、海上自衛隊としては初めての試みである試験潜水艦への種別変更が記載された。このため推測ではあるが、「じんげい」が就役するタイミングで、「たいげい」が試験潜水艦に種別変更される可能性がある。

試験潜水艦とはその名の通り、実際の潜水艦で新装備の試験や評価を行う艦種である。この構想では従来のように老朽化した潜水艦で潜水艦戦術を研究するのではなく、最新の潜水艦で実施することに価値がある。試験潜水艦の導入によって、作戦用潜水艦の任務に支障なく、最新艦で思う存分、新システムや新装備の実験が実施できるようになるのだ。

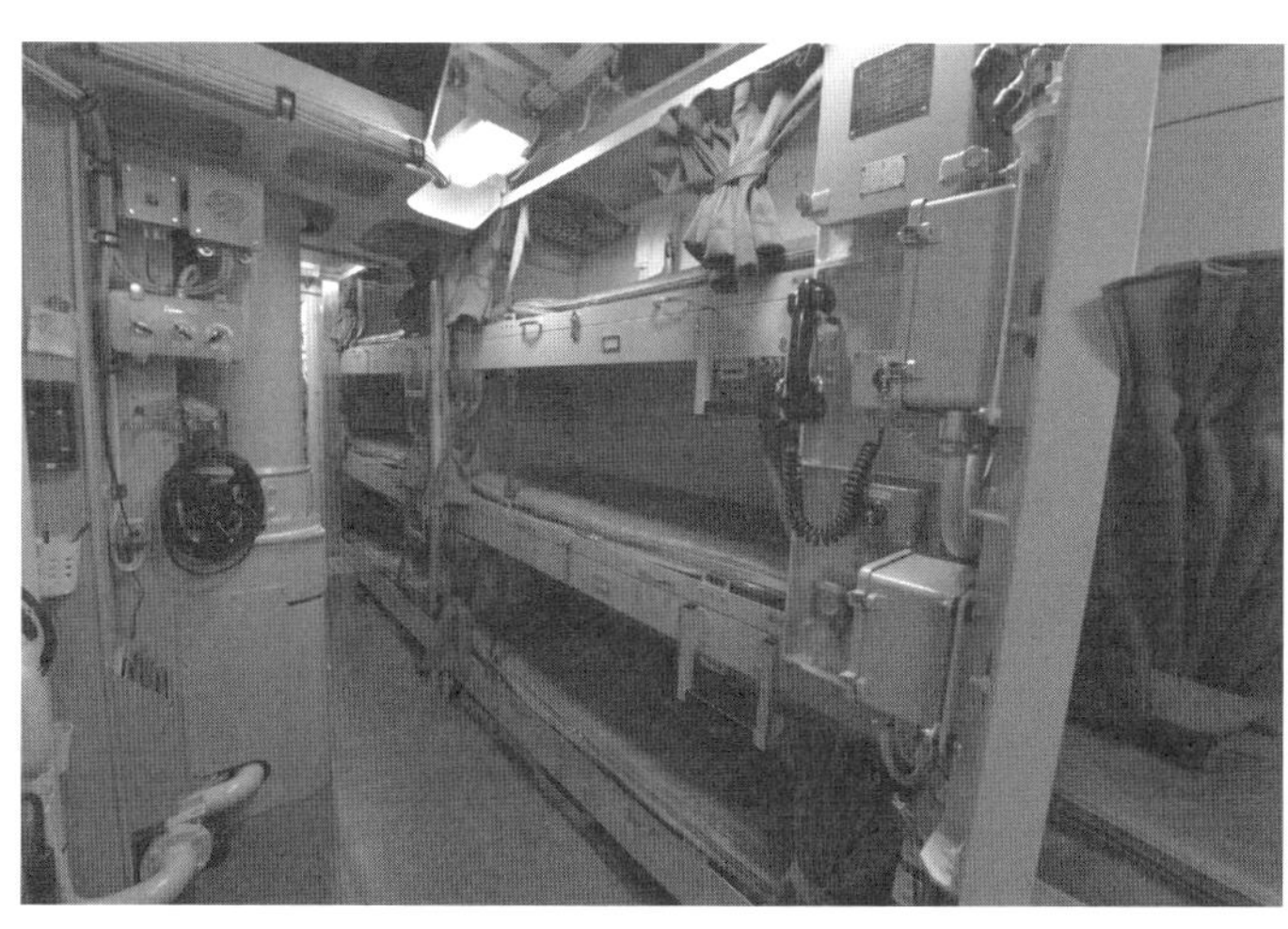

科員居住区。寝台は全員の分が用意されており、艦内に持ち込んだ私物は寝台の下に組み込まれた収納スペースにしまう。電灯がついている側に頭を向けてカーテンを引けば、プライベートな空間を確保できる
（写真／柿谷哲也）

「たいげい」型は就役が始まったばかりであるが、すでに次期潜水艦の研究、開発は当然ながら行われている。次期潜水艦に予想される装備がＶＬＳ（Vertical Launch System＝垂直発射装置）搭載ミサイル潜水艦の開発である。令和5年5月には「潜水艦用ＶＬＳに関する技術検討」を三菱重工が落札している。ただし所要電力供給が原子力推進より限られる通常型潜水艦では技術課題は大きい。

その他に注目されるのがＵＵＶの導入である。すでに掃海艦艇での装備が実現しているが、深い水中でのネットワーク構築は容易ではない。しかし今後潜水艦もますます無人化、省人化が求められていくと考えられる。

これ以外にも公表されている範囲では、さらなる静粛性を追求した駆動システムや魚雷、高効率化を追求した電力貯蔵・供給システム、雑音を低減した魚雷発射管、対潜水艦用ソーナーの高性能化、潜水艦発射型誘導弾などがある。これらの装備をどこまで実用化できるかは未知として、次期潜水艦は２０２９年度頃の計画艦として２０３４年頃に就役が予測される。

21世紀を迎えた同盟国アメリカの潜水艦事情

2020年代を迎え、海上自衛隊の潜水艦隊を取り囲む、他国の潜水艦事情はどのような状況であろうか。潜水艦にとっては、やはり潜水艦の敵は潜水艦であるという認識で、我が国と何らかの関係や影響のある潜水艦保有国としては、アメリカ、中国、ソ連、韓国、台湾、北朝鮮が挙げられるであろう。もちろん、その他のアジア周辺国にも潜水艦を保有する国は存在するが、戦力や練度において本稿では省略できるレベルと思われる。

米海軍の潜水艦は、2000年代に入るとますます多様性を帯びてきた。弾道ミサイル原子力潜水艦SSBNである「オハイオ」級は1976年から1997年にかけて18隻が建造されたが、1~4番艦はトマホーク搭載のミサイル原子力潜水艦SSGNに改装され、現在SSBNとして現役にあるのは14隻である。

本級は大型化したトライデントII（D5）弾道ミサイルを24発搭載が可能だが、現在は核軍縮により20発搭載に制限されている。このミサイルは複数個別誘導再突入体付潜水艦弾道ミサイル、通称SLBM（Submarine-Launched Ballistic Missile）で、米海軍ではFBM（Fleet Balistic Missile＝艦隊弾道ミサイル）と称する。

SSGNとなった本級は、SLBMの発射筒22基にトマホークの

米海軍の「オハイオ」級戦略原潜の一部は、巡航ミサイル潜水艦へと改造されている。セイル後方には特殊部隊を収容するドライデッキ・シェルターが見える（Photo/USN）

垂直発射筒7基が組み込まれており、22×7で154発のトマホークを搭載できることになる。

しかし「オハイオ」級も老朽化が進んでおり、現在後継艦「ディストリクト・オブ・コロンビア」級が計画されている。最終的に12隻が建造される予定で、搭載する弾道ミサイルはトライデントⅡ延命改修型となるが、ミサイルの搭載数自体は「オハイオ」級より減少している。

攻撃型原子力潜水艦SSNは、米海軍のSSNの代名詞であった「ロサンゼルス」級の退役が進んでいる。ロス級は62隻という空前の量産原潜で、VLSのないフライトⅠ、VLS装備のフライトⅡ、統合戦闘システムを搭載したフライトⅢと区分され、すでにフライトⅠは全艦リタイヤしているが、まだフライトⅡ以降の24隻は現役にある。

本来ロス級を代替するはずだった「シーウルフ」級は冷戦末期に対ソ連用に計画された最強の潜水艦として建造され、大型化された船体と新原子炉で水中速力35ノットを誇った。しかし冷戦終結に伴いコストが高い同級の建造は3隻で終わっている。

そこで現在米海軍の主力SSNとして建造が続いているのが「ヴァージニア」級だ。2004年に1番艦が就役して以降、ブロックⅠ～Ⅳへ進化し、最新のブロックⅤも進水している。2024年計画まで40隻が建造される計画である。

本級は就役期間中の原子炉の炉心交換を不要としてライフサイクルコストを抑え、特殊作戦部員の潜入任務などで艦を出入りさせられるロックアウト・チェンバーを備えた。ブロックⅤ

ヴァージニア級は艦首にVLSを装備する。トマホーク巡航ミサイルを12発を装填することができるが、フライトⅠ～ⅡがVLSを12基装備したのに対し、写真のフライトⅢからは2基のVLSに各6発のトマホークを収めるようになった

ではVPM（Virginia Payload Module）と呼ばれるトマホーク用垂直発射筒を格納した船殻ブロックを導入。発射筒は6連装でVLSの数を12から40に増大させている。

日本を取り囲む近隣諸国との見えざる緊張

日本周辺ではソ連の潜水艦に代わり、中国の潜水艦の台頭が目立ち始めた。中国は弾道ミサイル原潜「晋」型を6隻、攻撃原潜「商」型を8隻、中国初の原潜「漢」型を3隻、通常型潜水艦の「元」型20隻、「宋」型、13隻「キロ」型12隻など、続々と潜水艦部隊を増強している。中国海軍は「商」型の後継艦「隋」型を計画しているとされる。水中速力30ノット以上、VLSを装備し、静粛性も向上しているとされる。

また2012年には弾道ミサイル実験潜水艦「静」型を竣工させた。肝心の搭載するミサイルも、JL-2が2012年までに一連のテストが成功したと発表されている。ただし、JL-2の有効射程距離は7400kmと推定されており、米本土へ撃ち込むためには太平洋の真ん中まで進出しなくてはならない。依然、中国の潜水艦の雑音レベルは低いとは言えず、米海軍と海上自衛隊の探知能力をもってすれば、現時点では中国の潜水艦が太平洋の真ん中まで進出することは困難と思われる。

配備状況としては「商」型が南海艦隊と北海艦隊に4隻ずつ、「晋」型はすべて南海艦隊に配備されている。「元」型は東海艦隊に9隻、南海艦隊に6隻、北海艦隊に2隻。「宗」型は北海艦隊に8隻、東海艦隊に3隻、南海艦隊に2隻、「キロ」型は東海艦隊に8隻、南海艦隊に4隻という説がある。

こうみると東シナ海から台湾海峡や南西諸島を重点としていることが伺える。海上自衛隊の潜水艦からすれば、潜水艦対潜水艦の時代に突入したことがより鮮明になっているといえよう。

平成23年8月、日本近海で確認された中国の「元」型潜水艦。最新鋭の通常型潜水艦で、AIPを搭載している
（写真／海上自衛隊）

平成22年4月に撮影された中国海軍の「キロ」級潜水艦。すでに旧式化しているが、その性能はまだ侮れない
（写真／海上自衛隊）

一方の脅威であるロシアの潜水艦勢力は、ＳＳＢＮである「ボレイ」級5隻、「タイフーン」級が1隻、「デルタⅣ」級が7隻、「デルタⅢ」級が2隻。ＳＳＮである「オスカーⅡ」級が7隻、「ヤーセン」級が3隻、「シエラⅡ」級が2隻、「シエラⅠ」級が2隻、「アクラ」級が10隻、「ヴィクターⅢ」級が2隻、通常型の「キロ」級が24隻と隻数の上では依然、大潜水艦隊である。その中で現在ロシア海軍が最も力を注いでいる潜水艦が、「ボレイ」級である。本級は新型のＳＳＢＮで、10隻の建造計画がある。

一国の潜水艦の練度はパトロール回数に比例するといわれる。冷戦終結後、ロシア海軍の凋落は加速度的であったが、近年徐々に回復傾向にあり、ＳＳＢＮのパトロール日数も平均で年5回程度といわれている。しかしウクライナ戦争の長期化により、潜水艦の建造や運用への大きな影響は免れない。冷戦後は直接的な脅威ではないとされてきたが、ウクライナとの戦争を始めたように油断はできず、潜水艦大国であることにも変わりはない。

韓国は２０２１年に「島山安昌浩」級を就役させた。本級は韓国独自設計で、ついに韓国も国産潜水艦を完成させ

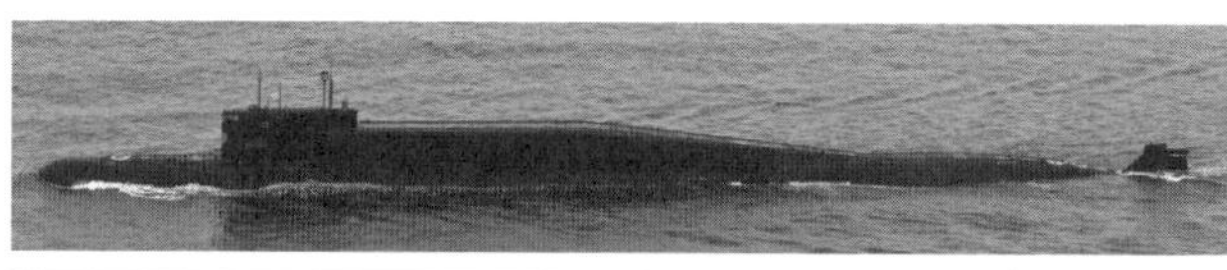

上／平成23年9月に撮影されたロシアのデルタⅢ級戦略原潜。ロシアは戦略原潜を手放すつもりはなく、日本にとって依然として大きな脅威である（写真／海上自衛隊）

下／平成23年9月に撮影されたロシアのアクラ級攻撃型原潜。優れた性能の大型艦で、現時点では海自が対峙するロシアの潜水艦としてもっとも手ごわい相手といえよう（写真／海上自衛隊）

ロシアの最新SSBN、ボレイ級こと995型。1番艦の起工は1990年代半ばだったが、搭載するSLBMの開発が難航、就役は2013年にまでずれ込んだ（Photo/Ru DoD）

たのだ。続く2番艦も２０２３年に就役させており、現在のところ5隻までの建造が予定されている。そのほかにもドイツ製在来型を18隻保有しているが、主力の２１４型は騒音レベルが許容できないほど高いとされ、運用面で課題がある。

北朝鮮の潜水艦増勢は不明が多いが、注目すべきは初の弾道ミサイル潜水艦「金君玉英雄」を進水させたことだ。北朝鮮は本艦を戦術核攻撃型潜水艦と称している。セイル後部に大型のミサイル４本、小型のミサイルを6本搭載できるという。「ゴラエ」型もセイルにＳＬＢＭの発射筒を1基持つといわれている。射程距離や精度はともかく、弾道ミサイル潜水艦を本格的に有することになる。その他潜水艦隻数は56隻と多数ではあるが、旧型で小型である。

台湾はこれまで30年前のオランダ製の「ズヴァールドヴィス」級の改良型である「海龍」２隻と係留練習潜水艦しか保有していなかった

が、ついに国産潜水艦「海鯤」を進水させ、竣工予定は2024年度中としている。本艦は通常動力型だがリチウムイオン電池を搭載し、魚雷とハープーンを装備する予定で、最終的に8隻の建造が計画されている。

本型の進水に際して中国共産党の国防担当の報道官は「どれだけの兵器を建造しようとも祖国統一の大きな流れは止められない」とコメントを出したが、潜水艦の見えざる抑止力は大きなものとなる。

我が国を取り巻く潜水艦事情は以上のようなものになるが、やはり現在最もその動静に注目すべきは中国の潜水艦であろう。近年は高い頻度で日本の接続水域を潜没航行するなど、その行動が目立っている。海上自衛隊の潜水艦が対峙する可能性のある東シナ海

韓国海軍最新の島山安昌浩級。セイル後方にVLSを装備しており、2021年には韓国初のSLBMの発射に成功、バッチ3を原子力推進にするという案も浮上している（Photo/ROK Navy）

韓国がドイツから導入した214型潜水艦、孫元一級。当初は不具合が相次ぎ、まったく戦力にならなかったが、近年ようやく問題を解決したという（Photo/USN）

は、太平洋と大きく異なる特性を持ち、大陸棚の浅い海面と、中深度の海面を暖流で遮るという潜水艦作戦にとっては複雑な特徴がある。

海上自衛隊の潜水艦隊は22隻体制を確立し、より高性能で静粛性の高い潜水艦を有するようになった。さらにさまざまな手段で複雑な海域を把握している我が国の潜水艦隊は、引き続き高い抑止力を発揮できるものと思われる。

ロメオ型は北朝鮮軍の主力ともいえるが、原型は1950年代に就役した骨董品のような潜水艦。2014年、金正恩第一書記が視察ため艦橋に乗り込んでいる映像が公開された

令和5年9月に命名・進水式を迎えた台湾初の国産潜水艦「海鯤」。全長70mと、幅約8mと「たいげい」型より一回り小型で、X舵を備えている（写真／王清正）

第五章

潜水艦を支えた艦艇

——潜水艦救難艦と直轄艦

潜水艦救難とは

困難な潜水艦救難という技術

潜水艦がなんらかの事故などのトラブル、もしくは有事において損傷をこうむり、浮上が困難となった場合、それを救助するためには専用の装備を持った潜水艦救難艦が必要となる。現在海上自衛隊は、潜水艦救難艦「ちはや」と「ちとせ」という2隻を保有している。

元々潜水艦救難の発祥は米海軍であり、海上自衛隊でも戦後初の潜水艦「くろしお」を貸与された時点から、米海軍のさまざまな影響を受けつつ、救難の研究をスタートさせていた。現在の海上自衛隊の潜水艦救難は、ヨーロッパなどに比べて大きな特徴がある。それはすべて自己完結の救難であるという点だ。

日本はDSRV（Deep Submergence Rescue Vehicle：深海救難艇）を駆使し、飽和潜水で飽和潜水員が潜ってDSRVの作業を助ける。DSRVは潜水艦の空気が足りなくなってきた場合、ホースをつないで不足を補い、救出までの時間を確保するといった作業も行う。

このように、発見から延命、救助に至るまで、1隻の救難艦で対応するという自己完結型が、海上自衛隊の潜水艦救難の考え方である。これに対し、ヨーロッパはNATOの協同で救難を行うのが原則で、救難のシステムは保有するものの、専門の救難艦は少ない。そのためいざというときは徴用船にシステムを積載し、現場に向かう。しかし現実的には早急の救難は困難な場合が多いため、個人脱出が主流とならざるを得ない。個人脱出も装備が日々進化しており、優れた個人脱出装置も出てきている。

潜水艦救難艦ASR403「ちはや」。DSRVに加えROVも装備し、救難機能、医療機能を重視している。その一方で母艦機能は先代の「ちよだ」ほど重視されていない（写真／花井健朗）

海自最新の潜水艦救難艦AS404「ちよだ」。「ちはや」の拡大改良型ともいえるタイプで、外観上もよく似ているが、塔型になったマストが相違点。艦名は先代の潜水艦救難母艦AS405「ちよだ」から引き継いだ（写真／Jシップス編集部）

そもそも潜水艦救難というのは、一般的な海軍のキャリアだけで包括可能な範囲の技術ではなく、専門の部隊を作り、専門の機材を準備し、専門職の隊員を長きにわたって教育・訓練しなくては実現不可能なのだ。そういった意味からも、潜水艦の国産を開始するとともに一国ですべてのシステムを一艦に乗せ、教育・訓練を独自に行ってきているのは日本だけである。

二代目「ちよだ」が装備する無人潜水装置ROV。船体上部は鮮やかなイエローで、前部にカニの手のようなマニュピレーターが折りたたまれている。艦上から遠隔操作され、DSRVに先立って潜水調査を行う（写真／Jシップス編集部）

潜水艦救難のプロセス

潜水艦に何らかのトラブルが発生して、浮上が困難となった場合、まずはメッセンジャーブイなどで沈没位置を知らせることが第一である。こうした場合、海上自衛隊全体のミッションとなるので、できるだけ現場に近い艦艇が駆けつけ、追加の情報収集を行うことになる。

その上で、潜水艦救難艦が現場に急行する。潜水艦救難艦「ちはや」「ちよだ」は、ドック等に入渠中でない限り、常に2時間以内に出港できるよう義務付けられている。2時間で船に戻れる範囲といえば、呉を母港する「ちはや」であれば、乗員の旅行はせいぜい宮島辺りが限界であろうか。

位置情報が入り、現場に到着した救難艦では救難計画が立案される。その結果として救難活動を開始するのだが、まずは、遠隔操作される無人潜水装置ROV（Remotely operated Vehicle）で、DSRVが障害なくメイティング（DSRVを救助対象となる潜水艦の脱出用ハッチに密着させること）できるか確認をする。

その結果、接近可能と判断されれば、DSRVは救難艦から波浪の影響の少ない海面下、30mまで発着架台を降下させ、発進する。発進後、DSRVは母艦からの誘導と、自らのソナーで沈没している潜水艦を発見し、脱出用ハッチの上に待機する。

沈没した潜水艦の脱出用ハッチにDSRVからのケーブルをつなぎ、ケーブルを巻き取りながら降下を開始する。沈没潜水艦とDSRVが完全密着したら、スカート内の海水を艇内に移し、下部ハッチを開いて、潜水艦とDSRVを固定する。ここから乗員を収容するのである。

前方から見た二代目「ちよだ」のDSRV。「ちはや」搭載のDSRVとは全く別物の新型艇として建造された。上方のグレーのフレームに固定され、このまま下降して着水、潜航する（写真／Jシップス編集部）

文章で書くと簡単であるが、深海で暗く、潮流もある海底で、自動操縦があるとはいえ潜水艦の小さなハッチにピタリとDSRVを接続するのは容易ではない。事実、他国との訓練では、接近できてもメイティングできないケースも多いという。

状況にもよるが、浸水がなく、状態のよい沈没状況であっても、潜水艦の乗員が無事でいられるのは、最長100時間が限界である。DSRVの艦への往復に時間がかかりすぎたり、作業に手間取ったり、あるいはDSRVが故障したりすることなどもありう

二代目「ちよだ」艦内に装備されている減圧カプセルDDC。海上自衛隊の艦艇でDDCを有する艦は「ちよだ」「ちはや」、掃海母艦「うらが」「ぶんご」の4隻がある（写真／Jシップス編集部）

初代「ちよだ」の装備した球体のレスキュー・チェンバー、PTC。PTCに飽和潜水員を乗せ、深海まで到達した後、チェンバーから海中に出て、送気管を潜水艦に接続するなど、人間の手でしかできない作業を行う（写真／Jシップス編集部）

る。DSRVによる全員の救難が困難な状況の場合、頼みとなるのが飽和潜水員である。

飽和潜水とは、呼気に含まれ、人体の組織内に溶け込んでいる窒素などのガスを、再圧タンク（DDC：Deck Decompression Chamber）によって飽和状態とし、100m以上の深海への潜水を可能とする技術。海上自衛隊は、チームによって飽和潜水を行っている。

潜水チームは再圧タンク（DDC：Deck Decompression Chamber）に入り、所定の深度に相当する圧力まで加圧される。この加圧には時間がかかり、海上自衛隊の記録である450mの飽和潜水では、タンクで加圧を開始してから実際に作業を行うまで、4日間かけている。

DDCでの加圧が終わったら、実際に潜る潜水員はベルと呼ばれる球体のレスキュー・チェンバー、PTC（Personnel Transfer Capsule＝水中昇降室）に移る。加圧の間、PTCはタンクに連結され、同時に加圧されている。

潜水員がPTCに入ると、PTCはタンクから切り離される。その後、PTCはヘリウム・酸素混合ガスによって、目標深度よりも深い深度まで加圧された後、潜水員が海中に出て作業を行う。作業終了後は、上記の手順を逆に行うことになる。

ただし、減圧症のリスクから、浮上（減圧）のほうがはるかに時間がかかることが多く、作業深度100mの場合は5日間、300mの場合は11日間を要する。

潜水員にはDSRVを潜水艦に接続するための準備のほか、潜水艦の救難用送気弁に高圧ホースを接続するなど、重要な作業が任せられる。高圧ホースの接続により、空気はもとより水、流動食まで注入が可能となる。これらの緻密な作業は潜水員なくしては不可能であり、困難で厳しい任務である。

しかし、現実的には救難艦が早期に現場に到達して救難を行うのが困難な場合も多い。もし、外部からの救難が期待できない場合、最終手段とな

潜水艦乗員になるためには、必ず実施しなくてはならないスタンキーフードによる個人脱出訓練。フードというだけに頭部を覆う形状になっている写真は昭和40年代の撮影（写真／海上自衛隊）

最新のスタンキーフードである潜水艦脱出用装具Mark10。全身が包まれるタイプに進化しており、脱出筒もこの装具を装着して入れるサイズになっている（写真／海上自衛隊）

昭和40年代に撮影された飽和潜水員の訓練。潜水員は強靭な体力だけではなく、常に冷静を保ち、減圧室などに長期間入ったままでいられる強い精神力・忍耐力が必要である（写真／海上自衛隊）

るのが個人脱出だ。個人脱出では、潜水艦に装備されている脱出筒、エスケープトランクを使用して、身一つで潜水艦から脱出する。

脱出筒は潜水艦の前部と後部に設置されており、耐圧構造になっている。脱出に際しては、乗員はスタンキーフードという救命胴衣付きののぞき窓が付いたフードを頭から装着して脱出筒に入る。脱出筒に海水を入れ、外部と均圧にした状態で上部ハッチを開いて浮上脱出を行うのである。脱出は4名1組で、1組の脱出が済んだら筒内の海水を排水し、再度4名の乗員が筒に入り、同様の作業を繰り返す。

実際に潜水艦が沈没した実例はないが、人体への影響を考えると約120mが脱出可能な深度であるといわれている。個人脱出装置も日々進化しており、現在は頭だけではなく、全身を覆うタイプの個人脱出用のスーツの改良・開発も進んでいる。最新のMark10は200数十mという深度からでも脱出が可能とされ、海上自衛隊でも「そうりゅう」型から採用されているという。

世界屈指の技量を誇る日本の潜水艦救難

潜水艦救難の世界では、同盟国の間でお互いにノウハウを提供し合い、万が一の事故の際、最適な救難が実施できるよう、平素から共同の訓練や情報交換が行われている。

潜水艦を世界中の海で運用している米海軍は潜水艦救難に力を入れており、事故の際には救難システムを事故現場近くへと空輸し、そのときに搭載できる艦艇を使用して救難を開始できるような態勢を整えている。

パシフィック・リーチ2013に参加したオーストラリア海軍の潜水艦ウォーラー。オーストラリア軍は海上自衛隊の潜水艦を高く評価し、その技術を求めている（写真／菊池雅之）

パシフィック・リーチ2013参加国の主要メンバーの記念撮影。このときは日、米、豪、シンガポール、韓国が参加し、エクアドル、インド、インドネシア、マレーシア、ペルー、タイ、ベトナムがオブザーブとして参加した（写真／菊池雅之）

パシフィック・リーチ2013に参加するため、横須賀に入港した韓国海軍の救難艦チョンヘジンと潜水艦イチョン。海上自衛隊の潜水艦救難は世界的に見ても高い技術を誇る（写真／菊池雅之）

しかし、より早く現場に急行できる他国の救難艦があれば、依頼を受けて駆けつけることもある。現に、平成17（2005）年にロシアの潜水艇がカムチャッカ半島沖で網にからまり救出要請があった際は、英国のROVが空輸されて救難にあたったが、「ちよだ」も出動している。

しかし仮に現場への到達が間に合っても、平素から情報共有がなされていなければ、なかなかスムーズな救難は困難である。そのためには、多国艦の救難訓練が必要とされる。日本は平成12年の第1回から、多国間潜水艦救難訓練であるパシフィックリーチ（Pacific Reach＝西太平洋潜水艦救難訓練）に参加しており、平成25（2013）年9月には、相模湾で8日間にわたり、第6回目となる「パシフィック・リーチ2013」が開催された。このときは日本がホスト国となり、米国、韓国、豪州、シンガポールの5ヵ国が参加、7ヵ国のオブザーブ国も参加している。

このときは台風の接近により訓練計画が予定通り進行せず、ほとんどの実働訓練がキャンセルされてしまった。そんな中、海上自衛隊だけが練習潜水艦「ふゆしお」を海底に沈座させ、「ちはや」のDSRVが見事にメイティングを成功させている。

パシフィックリーチでは、海上自衛隊の極めて高い一連の潜水艦救難能力が、他国から常に高い評価を受けている。特にDSRVの操縦や飽和潜水の実力の高さは他国の群を抜いているという。

救難作業練度の高さは、イコール実働部隊の練度の高さを示唆すると考えられているため、救難という角度から海上自衛隊の潜水艦隊の優秀さを内外に示すことにもなり、さらなる抑止力にもなると考えられる。潜水艦救難は地味であるが、実は一朝有事の際すぐに真似できるような技術でない。その実力は見えない防衛力としても大きな意義があるのだ。

こうした実力を養成しているのが、横須賀にある横須賀潜水艦教育訓練分遣隊である。ここにはDSRVの訓練装置、DSRVシミュレーターがあり、沈没した潜水艦へのメイティングの操縦訓練や、自艇内でのトラブル、火災や浸水の対処など、さまざまな状況を模擬することを可能としている。

また同じ横須賀の潜水医学実験隊には、深海潜水訓練装置、高圧気圧酸素治療装置、高気圧実験装置、訓練水槽があり、個人脱出訓練も実施できる。

潜水艦教育訓練分遣隊に備えられたDSRVのシミュレーター。実物のコクピットとまったく同じように構成されている。日本のDSRVの操縦技術は世界各国から高い評価を得ている（写真／菊池雅之）

平成25年1月に落成した潜水医学実験隊 横須賀病院教育部新庁舎内にある深海訓練装置と高気圧酸素治療装置。このように充実した設備が日本の潜水艦救難の技術を支えている（写真／菊池雅之）

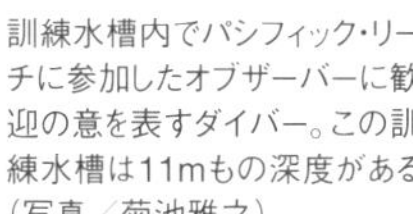

訓練水槽内でパシフィック・リーチに参加したオブザーバーに歓迎の意を表すダイバー。この訓練水槽は11mもの深度がある（写真／菊池雅之）

潜水艦救難艦／潜水艦救難艦母艦

海上自衛隊初の潜水艦救難艦 初代「ちはや」

海上自衛隊初の潜水艦救難艦として建造されたのが、初代「ちはや」である。昭和34（1959）年度予算で建造が認められ、昭和36（1961）年3月にASR401「ちはや」として竣工している。つまり、初の国産潜水艦「おやしお」就役のわずか9ヵ月後という、非常に早い段階での建造だったわけだ。海上自衛隊が潜水艦救難をいかに重視しているかが分かるであろう。

主機は三菱横浜のディーゼル機関を搭載し、1基1軸推進、出力2700馬力で、速力15ノットを発揮できた。沈没した潜水艦の位置に対して、レスキュー・チェンバーをずれなく降下させる必要性から、正確な操艦が求められるため、推進器は当時から可変ピッチプロペラを採用していた。

当時はまだDSRVは実用化されておらず、潜水艦救難はレスキュー・チェンバーを使用して行われた。レスキュー・チェンバーとは、沈没した潜水艦乗組員の救出に使用する釣り鐘状の鋼製耐圧容器で、1回の救難人員は6～8名、水深約200mまで潜航可能とされていた。

「ちはや」の艦橋構造物後方、煙突の両脇には大きな筒状の装備が備え付けられている。これは4点係留用浮標、通称「スパット」と呼ばれる大型のブイで、潜水艦が沈没している地点を把握したら、自艦を四点係留で固定するための装備だ。その上で、レスキュー・チェンバーによる救助活動を開始するのである。

潜水艦救難艦、初代「ちはや」。船体はコストを重視して商船構造だったが、海上自衛隊初の潜水艦救難艦として、「おやしお」の建造と時を同じくして建造された（写真／海上自衛隊）

展示訓練を実施中の「ちはや」と潜水艦「はやしお」。「はやしお」はセイルだけが浮上している浸洗状態。「ちはや」の艦橋後部に見える筒状のものがスパットと呼ばれる浮標である（写真／海上自衛隊）

「ちはや」に横付けしている「うずしお」。潜水艦の甲板上には乗員が一列に並んでいる。「ちはや」は初の潜水艦救難艦として長く海自潜水艦部隊を支えた（写真／海上自衛隊）

しかし実際には長時間を要する作業で、荒天にでもみまわれれば、作業時間はさらに長くなる。また深度が増大した場合、スパットから伸びる錨鎖が長くなり、救出深度にも限界があった。そのため、現在ではＤＳＲＶによる救助が主流となっている。

「ちはや」にはレスキュー・チェンバー以外にも潜水作業を支援する装備が盛り込まれた。潜水病の治療に備えて再圧タンクを搭載、ヘリウム酸素潜水装置や、潜水艦母艦能力も有している。

昭和36年の竣工後は呉地方隊に配属され呉を母港としていたが、昭和40（１９６５）年2月、新編された第1潜水隊群に配備される。昭和60（１９８５）年3月、後継の「ちよだ」就役に伴い特務艦ＡＳＵ７０１１に艦種変更の上、再び呉地方隊に直轄艦として転属となり、平成元（１９８９）年2月に除籍された。

横須賀に配備された改良型潜水艦救難艦「ふしみ」

ＡＳＲ４０２「ふしみ」は、初代「ちはや」に続いて建造された潜水艦救難艦で、新たに横須賀に潜水艦基地が設けられるのに伴い、呉と横須賀のそれぞれに救難艦が必要となったため建造された。昭和45（１９７０）年に竣工し、当初は呉を司令部とする第1潜水隊群に所属しながらも、横須賀を定係港としていた。

救難方式は「ちはや」同様のレスキュー・チェンバーを採用したが、「ちはや」が米海軍の装置を導入したのに対し、「ふしみ」は国産の装置を装備している。またチェンバーそのものも「ちはや」より大きくなっている。

海上自衛隊2隻目の潜水艦救難艦「ふしみ」。潜水艦部隊が横須賀にも新設され、救難艦が呉と横須賀にそれぞれ必要となり建造された。救難艦は現在も呉、横須賀の2隻体制である（写真／海上自衛隊）

スパットを水中に投下する瞬間を捉えた貴重な写真。救難を開始するには、まず4本のスパットを係留錨に連結、船体を現場に固定しなければならないが、これは困難を伴う作業だった（写真／海上自衛隊）

デッキ・クレーンで海中に下されるレスキュー・チェンバー。2名の操作員によって操られ、1回で8名が収容できる（写真／海上自衛隊）

本艦は予算軽減のためもあって船体が商船式となり、2層の全通甲板をそなえた平甲板型である。その船体構造は日本海事協会の鋼船規則に準拠して建造されたといわれている。その他、装備品についてもできるだけ民生品を使用し、救難設備も極力国産品を調達した。四点係留装置、可変ピッチプロペラ、ヘリウム酸素潜水装置、再圧タンクなどは「ちはや」と同等である。

相違点としては、艦の動揺を抑制するため減揺水槽が装備され、新たにレスキュー・チェンバー揚収用のデッキ・クレーンを装備した。また潜水艦救難装備のほか、潜水艦への補給物資の増大や魚雷収容能力を有するなど、潜水母艦の役割も強化されている。細かなところでは、作業艇の揚降がクレーン方式からボート・ダビット方式に改められている点も挙げられる。

当初は第1潜水隊群所属だった「ふしみ」だが、昭和48（1973）年に第2潜水隊群が新編されるとともに、同群所属となった。その後、昭和60年3月に潜水艦救難母艦「ちよだ」が横須賀の第2潜水隊群に配備されると、「ふしみ」は第1潜水隊群に転属となり、呉に定係港を移した。

「ふしみ」はその後も長きにわたり呉の潜水艦救難艦として活躍し、二代目「ちはや」の竣工を待って28年の任務を終え、平成12（2000）年3月に除籍となっている。

初の潜水艦救難〝母〟艦「ちよだ」

初代「ちはや」の代艦として建造されたＡＳ４０５「ちよだ」は、潜水艦の乗員を救助する任務に加え、潜水作業支援や潜水艦への補給、乗員の休養といった多用途に対応できる海上自衛隊初の艦種、「潜水艦救難母艦」として建造され、昭和60年3月に竣工した。

海上自衛隊初の潜水艦救難母艦として建造された初代「ちよだ」。平成23年の東日本大震災でも母艦機能が救助活動に多大な貢献を果たしている（写真／Jシップス編集部）

後部から見た初代「ちよだ」のDSRV。主推進器を守るシュラウド・リングは上下左右にフレキシブルに向きを変える。リング前の横穴は後部水平スラスターで、艇の下方には下部後方TVカメラが装備されている（写真／Jシップス編集部）

初代「ちはや」「ふしみ」の基準排水量が約1500トン以下だったのに対し、「ちよだ」では一気に3600トンと約2倍に拡大、全長も約1・5倍の112mにまで大型化された。さらに最大の相違点は、救難方法がこれまでのレスキュー・チェンバーではなく、DSRVによる救助となったことだ。

救難用の装備として、DSRVのほか、DDS（Deep Diving System＝深海潜水装置）も備えるようになった。DDSは潜水員に深海での飽和潜水を可能にするための装置で、潜水員を深海の気圧に耐える高気圧下状態に保ち、海底に運び込むことができる。潜水病治療用のDDC、潜水員が高気圧の状態で移動できるPTCも本艦から装備された。

潜水艦救難でもっとも重要なのは、いかに沈没した潜水艦の真上に正確に救難艦をポジショニングし続けられるかにある。初代「ちはや」「ふしみ」はそのために四点係留方式を採用していたが、前述したように手間と時間のかかる作業となっていた。そこで「ちよだ」から、精密な操艦を可能とするサイドスラスターが艦首・艦尾に2基ずつ装備され、これを主機と連動させるDPS（Direct Positioning System：自動艦位保持装置）が導入された。

母艦能力として、作戦中の潜水艦に魚雷やミサイルの補給、燃料、食糧や真水の供給、蓄電池の充電、部品交換、修理整備などを行えるのはもちろん、潜水艦1隻分の乗員の休養・入浴・宿泊の設備も有する。これらは潜水艦救難だけではなく、災害派遣時にも大きな能力を発揮することができる。

初代「ちよだ」は昭和60年の竣工から30年以上現役にあったが、平成30（2018）年の二代目「ちよだ」の就役を待って除籍となった。

深海救難艇の開発

現在では潜水艦救難の主役であり、世界有数の能力を持つ海上自衛隊のDSRVであるが、当然ながらその実用化には長い開発期間を必要とした。まず、海上自衛隊は技術研究本部で救難実験艇「ちひろ」の開発に取りかかる。「ちひろ」は川崎重工神戸工場で建造され、昭和50（1975）年2月に竣工した。その目的はDSRVの設計データを得るためで、実験艇として活躍した。

排水量30トン、水中速力3ノット、乗員は6名。水深50mまで潜航可能で、紀伊水道の和歌山沖の海域で各種テストが実施された。各種実験が終了したのちは教材となり、現在は呉の潜水艦教育訓練隊に保存され、現在もその姿を見ることができる。

昭和50年に建造された救難実験艇「ちひろ」。現在は呉の潜水艦教育訓練隊の隊内に展示されている。本艇で各種実験を行い、現在のDSRVを実用化するまで10年がかかっている
（写真／Jシップス編集部）

海上自衛隊のＤＳＲＶは「ちよだ」とともに実用化され、次いで「ちとせ」にも搭載された。建造は潜水艦の建造も手掛ける川崎造船神戸造船所である。

船体はＮＳ90という高張力鋼でできた耐圧殻を3個連結し、前方から操縦室、救難室、機械室の順に並ぶこれらを涙滴状の外殻で覆った形状。その下方には潜水艦とメイティングした後に収容口となる半球状の耐圧スカートが設置されている。

動力は銀亜鉛電池で、推進器は約30馬力のモーターを使用し、水中速度約4ノット。推進器の周りにはシュラウド・リングを装備し、運動性の向上と、沈没している潜水艦の船体に接触して破損することを防いでいる。操縦は自動操縦と水平・垂直スラスターが装備され、自在な運動が可能となっている。

1回の救難で収容できる人員は12名で、潜水艦の乗員を約6回で収容できる計算となる。

なお、初代「ちよだ」に搭載されるＤＳＲＶと「ちはや」に搭載されるＤＳＲＶは若干の仕様変更もあってそれぞれの艦専属の艇となっており、入れ替えて運用することはで

きなかった。

初代の名を受け継いだ二代目潜水艦救難艦「ちはや」

初代の艦名を受け継いだ二代目となるＡＳＲ４０３「ちはや」は、「ふしみ」の代艦として建造され、平成12年2月に竣工した。初代「ちよだ」の拡大改良型であるが、基準排水量はついに５０００トンを超え、さまざまな新装備が盛り込まれた。

海上自衛隊が実用的な潜水艦救難を確立したのは、この「ちはや」からといわれている。「ちよだ」と同様ＤＳＲＶとＰＴＣを装備するとともに、本艦は初めてＲＯＶも搭載、救難用の装備をさらに充実させた。飽和潜水も４００ｍ級の大深度が可能となり、４５０ｍという世界的な記録を保持している。

救助後は、潜水艦乗員を1隻分まるごと収容することが可能で、減圧室などの潜水病防止治療の設備や、災害派遣時の医療支援能力も強化された。医務室のほか、手術室やレントゲン室まで備えている点も、医療設備を充実させた「ちはや」が、「ちよだ」と異なる点である。

船体が大型化したとはいえ、これらの救難機能を盛り込んだ割にはコンパクトにまとめられているといえるが、その反面母艦設備は若干簡略化されており、艦種も潜水艦救難母艦ＡＳから潜水艦救難艦ＡＳＲに戻っている。

潜水艦救難艦に求められる性能の難しさは、洋上の一点で静止しながらオペレーションを長時間行うことと、18ノット以上の高速を両立させねばならないという、二律背反する条件を満たさなければならないという点にある。低速ではなく、静止状態の安定性を求めるなら、極端に言えば縦横1対1の船型が都合

「ちはや」は初代の「ちはや」の艦名を受け継いだ二代目。少しでも早くに現場に急行できるよう艦首は高速に有利なバルバスバウとなり、艦橋も救難指揮所を設けて大型化した（写真／Jシップス編集部）

よく、速力を求めるなら護衛艦のように10対1程度がよい。

しかし100トン近い装置を動かしながら、洋上の一点に止まって作業するためには船体のバランスを維持する必要もある。最終的に「ちはや」は、縦横比6対1とし、造波抵抗を小さくするため、艦首部や艦尾を切り込んだ構造にしている。

潜水艦救難でもっとも重要な自艦の位置の保持については、GPSやHPR（Hydroacoustic Position Reference＝音響位置検出装置）などで位置情報を入手し、艦首のバウ・スラスター、艦尾のスタン・スラスターと主機を連動させて洋上の一点に静止するというDPSにより、さらに正確なポジショニングが可能となった。これは他国の救難艦にはない極めて重要な装置である。

全長が「ちよだ」より約15m長くなったものの、外観の印象はよく似ており、相違点としては、艦橋構造物の上部にRIC（Rescue Infomation Center＝救難指揮所）が設置されている点が挙げられる。実

呉の潜水艦バースに並ぶ潜水艦救難艦「ちはや」と潜水艦群。「ちはや」はサイドスラスターを装備するため、入港は実に迅速でタグの支援も必要としない。常に2時間以内に出港できるように備えている（写真／Jシップス編集部）

DDCを下降、海中に投入するため、「ちはや」の船体中央に設けられたセンター・ウェル。ここが開き、海面へとつながる（写真／Jシップス編集部）

艦橋トップ後方に位置する「ちはや」の救難指揮所。護衛艦のCICに当たり、救難時にはその司令塔となる場所である「ちはや」（写真／Jシップス編集部）

際の指揮所内は護衛艦のＣＩＣのような雰囲気で、救難時はここにすべての情報が統合され、作業の司令塔となる。また外からでは分からないが、「ちよだ」では開口されたままだったＤＳＲＶの揚降用のセンター・ウェルは、「ちはや」では艦底閉鎖装置を設け、推進効率の大幅な向上が図られている。

竣工後は呉の第1潜水隊群に配備され、今日に至っている。平成13（2001）年、ハワイ沖で米原潜と衝突し沈没した、愛媛県立宇和島水産高校の漁業実習船「えひめ丸」の引き上げ作業支援にも従事。優れた救難装備を生かし、さまざまな事故の捜索などにもたびたび出動している。

新型DSRVを搭載する潜水艦救難艦「ちよだ」

ＡＳＲ４０４「ちよだ」は、平成30（２０１８）年3月に竣工した最新の潜水艦救難艦である。初代「ちよだ」の代替であるが、潜水艦への燃料や魚雷、真水等の補給や潜水艦乗員の宿泊・休養設備である母艦機能を有さず、能力的には二代目「ちはや」の拡大発展型といえる。

艦容も二代目「ちはや」と似ているが、艦橋等の上部構造物が大きくなって重量感が増し、マストがラティス・マストから塔型マストに変更されている点が目立つ差異として挙げられる。

二代目「ちはや」同様、ＤＳＲＶ、ＲＯＶ、ＤＤＳの三点セットは一式装備装備され、その運用実績を基に、荒天時の洋上でＤＳＲＶを迅速かつ安全に展開する能力も改善された。救難艦としての信頼性という面でも、ある程度完成された艦となったといえる。

また燃料タンクを大型化し、高速域20ノットでの連続航行能力を10％以上向上させており、救難海域への進出時間

先代の「ちよだ」から艦名を受け継いだ二代目「ちよだ」。能力的には二代目「ちはや」の発展型であり、外観上もよく似ている。最も分かりやすい相違点が塔型になったマストだ（写真／Jシップス編集部）

二代目「ちよだ」が搭載する新型DSRV。リチウムイオン電池を採用して急速充電が可能となり、収容人数も増加した。外観上はトリム装置のタンクが収められている船体上部のふくらみが従来のDSRVとの相違点（写真／花井健朗）

を短縮するとともに、滞在時間も延伸できた。

センサー類はすべて民生品に変更して予算の削減を達成しており、そのセンサー能力は二代目「ちはや」に比べて飛躍的な向上を実現し、オペレーション海域の可視化を可能としている。画面構成、装備の選択等、あらゆるところにオペレーターサイドの意見が取り入れられた。救難ホースの展開能力も向上している。

設計の基本的考え方は潜水艦救難だが、「災害時の対応能力」も大きく向上させている。東日本大震災での教訓を活かし、夜間航行の能力向上や港湾内への進入をより容易にする機動力の向上も図られた。従来通りヘリの運用はもちろん、手術まで可能な医療基地として、医療設備もさらに充実させており、手術台2床、潜水病治療用の再圧タンク3基を装備している。

ROVは大幅に能力アップされており、姿勢制御能力、センサー能力が向上し、水中への展開も自動で可能となった。

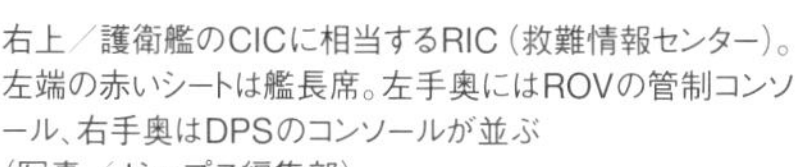

右上／護衛艦のCICに相当するRIC（救難情報センター）。左端の赤いシートは艦長席。左手奥にはROVの管制コンソール、右手奥はDPSのコンソールが並ぶ
（写真／Jシップス編集部）

左上／救助した潜水艦乗員全員を収容できるSDDC（潜水艦救助用艦上減圧室）。天井部にはDSRVから直結するハッチがあり、救助した乗員をそのまま収容できる
（写真／Jシップス編集部）

右下／手術室には手術台が2床並ぶ。災害時の病院船的な役割を担うことができるように、医療設備は「ちはや」よりも充実している（写真／Jシップス編集部）

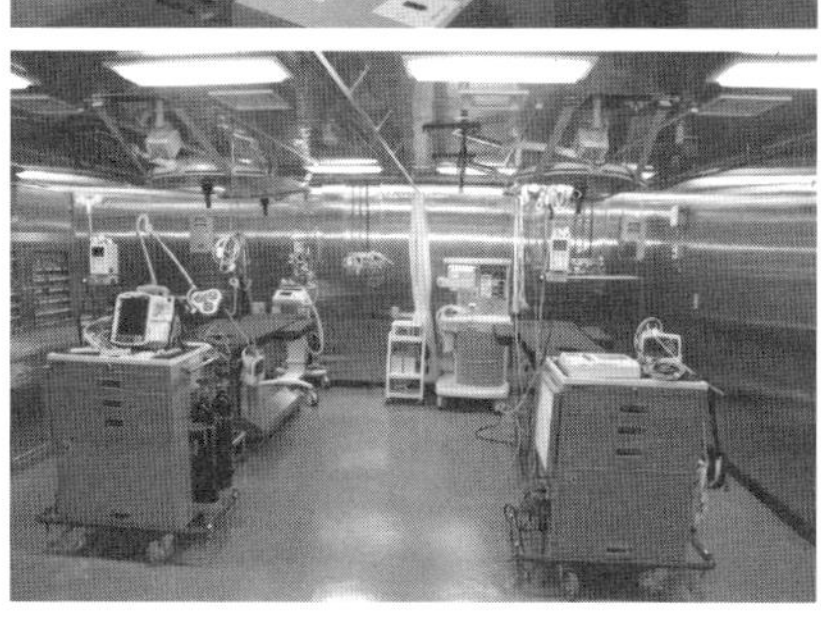

ＤＳＲＶも新造された。全長12・４ｍ、幅３・２ｍというサイズは二代目「ちはや」搭載のＤＳＲＶと同等だが、従来の耐圧殻を3個連結した三連球型から円筒形へと変更され、より高い水圧に耐えられるようになり、収容人数も12名から16名へと増加している。４名の増加とはいえ、これにより潜水艦の乗員約70名を、従来なら6往復の潜航が必要だったところ、５往復で救出できる計算になり、救助の効率が大きく向上した。

ＤＳＲＶの動力となる電源にはリチウムイオン電池を採用している。従来のＤＳＲＶは毎回電池を取り外して充電する必要があったが、電池を搭載したまま充電できるようになり、さらに急速充電も可能となった。

就役後は横須賀の第2潜水隊群の直轄艦として配備された。令和元（２０１９）年には千葉県銚子市犬吠埼沖の貨物船衝突事故の行方不明者の救助活動に従事、同年、第8回西太平洋潜水艦救難訓練に派遣されている。

潜水艦部隊直轄艦

潜水艦はそれを支える艦艇を必要とする。海上自衛隊は現在、先述のように潜水艦救難艦2隻を保有しているが、かつて護衛艦を潜水艦部隊の支援に使っていた時代があった。当然ながら専用に建造された艦ではなく、第一線を退いて旧型となった護衛艦、もしくは母艦で、いわば老朽艦であったが、長きにわたり潜水艦隊の司令部・母艦としての機能を果たした。以下、潜水艦隊とともに活躍した歴代の護衛艦を見ていこう。

護衛艦「かや」

「かや」は米海軍から貸与を受けたパトロール・フリゲートであり、当初は警備船といわれ、昭和28（1953）年に貸与を受け、創成期の海上自衛隊を支えた。海上自衛隊では「くす」型といわれ、全18隻の8番艦である。

その後、警備艦、護衛艦となり、昭和30（1955）年9月に第1潜水隊に配備された。昭和40（1965）年2月1日に第1潜水隊群が呉に新設された際、「かや」は司令部が乗艦する直轄艦となり、昭和47（1972）年3月まで活躍した。

護衛艦「かや」。米海軍から貸与されたパトロールフリゲートである。海上自衛隊では「くす」型と称された。昭和28年に貸与を受け、昭和38年に潜水艦部隊の支援のため第1潜水隊に配備された（写真／菊池征男）

潜水艦部隊に配備されたことによる大きな変化はないが、爆雷装置の大半が撤去され、訓練用の潜水艦発射魚雷を収容するダビットや、架台が増備されていた。潜水艦支援任務を終えた後、保管船となり、昭和52（1977）年に除籍、昭和53（1978）年、米国に返還されている。

護衛艦「ゆうぐれ」

「ゆうぐれ」は米海軍から貸与を受けたフレッチャー駆逐艦で、最後の貸与艦である。昭和34（1959）年にモスボールの状態で貸与を受けた。本艦は対潜兵器も古く、国産護衛艦が揃いつつある時期での貸与のため、主に初任幹部の遠洋航海などに使われた。そのため後部煙突後方に40名収容の講堂が増設されたが、これが後の潜水隊群司令部艦時代に再び役に立っている。

昭和37（1962）年から昭和38（1963）年にかけて特別改装がなされ、艦橋構造物の拡張、CICの増設、レーダーの換装、後部射撃指揮装置の増設などが行われた。

その後、昭和47年3月に「かや」の後継として第一潜水隊群の直轄艦となったが、司令部任務は比較的短命で、昭和49（1974）年3月に任を解かれ除籍した。「かや」同様、訓練魚雷の揚収装置や架台が増備されている。

護衛艦「ゆうぐれ」。元は米海軍から貸与された「フレッチャー」級駆逐艦で、海上自衛隊では「ありあけ」型と称した。昭和47年に「かや」の後を受けて潜水艦部隊に配備されている（写真／海上自衛隊）

特務艦「はるかぜ」

「はるかぜ」は昭和28年度計画により建造された初のＤＤタイプ国産護衛艦である。本艦は建造中に護衛隊群司令部施設が設けられ、後に長きにわたり第1、第2護衛隊群の旗艦を務め、初任幹部の遠洋航海にも従事していた。

昭和48（1973）年12月に「ゆうぐれ」の代艦として第1潜水隊群の直轄艦となり、司令部や講堂設備を活用し、潜水艦部隊の支援を行った。昭和56（1981）年3月に特務艦となり、昭和60年3月に除籍されている。潜水部隊に配備されたことにより、これまでの司令部艦と同様、爆雷装備の撤去と訓練魚雷の揚収装置や架台が増備されている。

国産初の護衛艦「はるかぜ」。昭和48年、「ゆうぐれ」に代わり第1潜水隊群の直轄艦として配備された（写真／海上自衛隊）

特務艦「はるさめ」

「はるさめ」は対空護衛を主とした護衛艦「むらさめ」型の3番艦である。昭和60年3月に特務艦へ種別変更され、「はるかぜ」の後継として第1潜水隊群の直轄艦となった。

同艦は極めて重兵装のため、艦内のスペースなどに余裕が乏しく特務艦には向きと思われたが、訓練魚雷のクレーンなどを後部オランダ坂に装備するな工夫を重ね、一部ソナー設備も撤去して、訓練用機材の搭載を図った。「はるさめ」は特務艦としての任務が長く、平成元（1989）年5月まで任務にあたり、同年5月に除籍されている。

「ちはや」と（左）並ぶ直轄艦となった「はるさめ」（写真右。艦番号ASU7008）。対空護衛を主とした国産護衛艦で、昭和59年に特務艦に類別変更され、「はるかぜ」の代艦として第1潜水隊群直轄艦となった（写真／海上自衛隊）

特務艦「てるづき」

「てるづき」は米国の域外調達で装備した護衛艦である。域外調達とは簡単にいえば米国の予算で他国が艦艇の設計や建造をすることで、OSP（Off Shore Procurement）と略される。

竣工時は警備船、後に護衛艦となり、昭和61（1986）年3月に特務艦、翌昭和62（1987）年7月に練習艦へと種別変更された。平成3（1991）年6月、再度特務艦となり、第1潜水隊群に「はるさめ」の後継として配備される。「ゆうぐれ」同様、旗艦設備や訓練設備が装備されていたため、潜水艦隊の司令部艦に適してはいたが、翌平成4（1992）年9月に、わずか1年強でその任を終え、除籍となっている。

護衛艦時代の「てるづき」。米海軍の域外調達で建造され、平成3年に特務艦として第1潜水隊群所属となった（写真／菊池征男）

特務艦「あさぐも」

「やまぐも」型護衛艦の6番艦で、護衛艦としては最後の潜水艦隊支援艦となった。「やまぐも」は昭和42（1967）年8月に竣工、平成5（1994）年10月に特務艦に種別変更され、第1潜水隊群直轄艦となっている。特務艦歴は長く、平成10（1998）年3月に除籍されるまで潜水艦隊に属した。兵装はほぼ現役当時と変わりなく、わずかに訓練魚雷に関する設備を増設したのに留まる。

掃海母艦から種別変更されて第1潜水隊群直轄艦となった「はやせ」。、以後、潜水艦部隊に種別変更された水上艦は配備されていない（写真／海上自衛隊）

特務艦「はやせ」

「はやせ」は元掃海母艦で、当初は掃海母艦「はやとも」の代替として昭和46（1971）年に竣工し、掃海隊群の旗艦として長く活躍した、平成3（1991）年のペルシャ湾掃海派遣部隊の旗艦としても有名である。

平成10年3月、特務艦に種別変更され、第1潜水隊群の直轄艦となった。潜水艦部隊への支援任務に種別変更された水上艦が用いられたのは、本艦が最後である。掃海母艦としての旗艦設備や、その他掃海の設備も潜水艦任務の支援に役立ったという。平成14（2002）年12月をもって除籍された。

特務艦として7018の艦番号を付けた「あさぐも」。本艦を最後に護衛艦を潜水艦の支援に使用することはなくなった（写真／海上自衛隊）

第六章

潜水艦の基礎知識

――海上自衛隊の潜水艦あれこれ

現代の潜水艦の要点

潜水艦はバラストタンクに海水を出し入れすることで浮力をコントロールし、潜航と浮上を行う。海面下に潜れること、海中という三次元の機動を求められる世界で行動することこそが水上戦闘艦との最大の相違点といえる。しかし、さらに潜水艦ならではの特異な性質も有している。それは強みと弱点が非常に明確であるという点である。

先んじて敵を発見し、襲撃できれば非常に強く、逆に先に見つけられてしまえば防御手段は少なく、脆弱である。つまり潜水艦にとって最も重要なポイントは、その強みを活かすため、いかに相手から見つからず、隠密性を維持するかにある。

隠密性の維持は、戦術的な有利・不利以上に重要な意味がある。それは潜水艦の持つ「抑止力」である。かつて潜水艦は攻撃兵器であり、専守防衛に必要ないという見解もあった。しかし、潜水艦ほど抑止力として有効な兵器はない。

潜水艦を保有し、常時パトロールに出している国の領海には、おいそれと侵入できない。例えば、真っ暗な部屋に武器を所持している者がいるかもしれないという状態では、泥棒はその部屋に恐ろしくて入れないであろう。潜水艦は保有しているだけで一定の抑止力があるのだ。そのため、近年は中古を輸入してでも潜水艦だけは保持しようと努める小海軍国も多い。

しかし、潜水艦は常にどこにいて、なにをしているか秘匿されなければ、抑止力を発揮できない。その所在を完全に秘匿すること、それを可能にするのが広大な海、その水面下の世界なのである。

潜水艦の隠密性を高め、維持するために最も重要な性能は、「静粛性」である。どれほど水中運動性能

呉の潜水艦バースに停泊する海上自衛隊の潜水艦。徹底した静粛性こそ現代の潜水艦にとって最大の武器だ。「そうりゅう」型（手前）は通常動力型潜水艦としては世界最高峰の性能を誇る。その奥の3隻は「おやしお」型（写真／Jシップス編集部）

が高くても、攻撃力が大きくても、雑音の大きい潜水艦には、全くといってよいほど価値はない。今や潜水艦の性能イコール静粛性といっても過言ではないのだ。

ならば、なぜそれほどまで静粛性にこだわるのか。それは、海中で潜水艦を探す方法は音源、すなわちソーナー（ソナー）を使用するしかないからである。海の中にはレーダーは届かない。潜水艦は音と周波数分析でのみ探知することができる。つまり雑音を出さない潜水艦は探知されない、ということになる。

ただし、それは現代の潜水艦で顕著になってきた特性である。第二次世界大戦までの潜水艦は、通常は浮上航行が主で、敵を見つけたときや敵に見つかりそうになったときに潜航することができる船、いわば「可潜艦」でしかなかった。

当初はスノーケル（シュノーケル）もなく、水中にとどまれる時間は40時間が限界で、安全潜航深度は100mそこそこと自艦の全長を縦にした長さと大して変わらない。また水上速力を重視したため、水中速度は電池の消費を考えれば4～5ノット、24時間水中を動いても、駆逐艦に30分で追いつかれる距離にしか移動できなかった。

戦争末期になると、特に枢軸国の潜水艦にとって状況はさらに不利となっていく。日本海軍の潜水艦は水上航行中に米軍のレーダーで捕捉され、発見されたと気がついた時点で急速潜航したとしても、雑音低減という概念に乏しい日本海軍の潜水艦は優れた米海軍のソーナーから逃れることはできなかった。完全に制圧され、とどめにヘッジホッグで攻撃されれば、よほど幸運でなければ撃沈はほぼ避けられない。

しかし、大戦最末期のドイツ潜水艦を嚆矢として潜水艦は進化を続け、その後の技術の進歩により、原子力推進を実現し、通常動力型でもスノーケル、逆探、そしてＡＩＰと技術革新を遂げていく。その間に潜水艦は水上重視から水中重視にシフトし、静粛性の高い水中運動性能重視型に変貌することにより、さらに隠密性、残存性が高まった。

その必殺の武器は、なんといっても魚雷である。海上自衛隊の潜水艦が搭載している魚雷は、有線誘導が可能なホーミング魚雷だ。優れたセンサーで目標の位置を観測し、目標の方向に向け魚雷を発射。潜水艦から有線で誘導し、魚雷のセンサー、すなわち主に相手が水上艦ならパッシブ、静かな潜水艦ならアクティブを使用し、敵を感知する。そうなればもう潜水艦から誘導する必要はない。ワイヤーをカットすれば後は魚雷が目標に向かっていく。魚雷は目標を直撃するわけではなく、磁気反応により艦底直下で爆発、その衝撃で大型艦であってもキールを叩き折って轟沈する。放たれた魚雷を回避することは極めて困難である。

現在では、潜水艦は元々持っていた魚雷に加え、一層の攻撃力・抑止力を有するに至っている。核ミサイルを搭載する戦略原子力潜水艦の登場である。原潜は核抑止力の世界においても画期的な存在となった。

昭和40年代に撮影された「おおしお」。「おおしお」には前部発射管、後部発射管があり、写真は前部発射管用の試製54式の搭載作業。写真奥の潜水艦は「ふゆしお」(写真／海上自衛隊)

東西冷戦期は特に、核の抑止力が世界平和を維持していたとすらいわれる。

陸上基地や航空機からの核攻撃に対するのであれば、ミサイルの発射や爆弾の投下前に先制攻撃をかけることが可能である。しかし、潜水艦は隠密行動を旨とするので、出動している全艦を発見することはほぼ不可能であり、残存性が高い。潜水艦からの核ミサイル発射を防ぐ手段はないのだ。たとえ先制攻撃を成功させたとしても、必ず海に潜む潜水艦から放たれる核ミサイルによって破滅的な報復を受けることになる。最強の海洋兵器となった潜水艦によ

米海軍潜水艦発射弾道ミサイル「ポラリスA-3」。A-1、A-2に比べ、より小型で精度の高い慣性航法装置を装備している。射程もこれまでより大きく延伸された。潜水艦発射核ミサイルの存在こそが、核の抑止力による平和を実現したともいえる(Photo/USN)

り、核による抑止は成立するのである。

現在、水中を素早く移動し、静粛性の高い潜水艦を、航空機や水上艦が広い海洋で探知することは非常に困難だ。電波や光はわずかしか届かず、地球の磁気の乱れを感知する磁気探知は探知範囲が狭い。前述のように、実際潜水艦を探知するための有効な手段は音（周波数）しかない。

しかし海の中の音ほど複雑なものはない。作戦海域の季節による水温分布、塩分濃度、海底地形と泥質、海潮流、島嶼などの陸岸や大陸棚などの影響、水中生物の影響など、さまざまな条件によって音の伝搬状態は異なる。例えば海水温度が上昇すると音速は早くなる。海水中の塩分が増加したり、海水の自重により密度が増加する深海でも音速は早くなる。海面は太陽の光を受けて暖かくなり、夜になると放射されて冷たくなるため、昼と夜でも条件が変わる。海水は風浪によりかき混ぜられているので、海面下には「混合層」が形成される。この混合層では音速度が一定となるが、天候によって著しく状況は変化する。

季節の移り変わりでも音速度は変化する。これは季節水温躍層と呼ばれる。シャドー・ゾーンという音波の到達しない領域が生まれる現象もあり、この領域に潜水艦が入り込めば、さらに探知は困難となる。

大自然の変化を相手に、いかに平素から、季節ごと海域ごとのデータを集積できるかが、潜水艦にとっての至上命題だ。海上自衛隊では、海洋気象環境を解明し、データを蓄積分析する専門部隊、海洋業務・対潜支援群が存在するほどである。

現時点で、潜水艦は水上艦に対し圧倒的有利の立場にある。そのカギは聴音能力の差といえる。潜水艦は水上艦の音を容易に探知できるが、水上艦が静粛化の進んだ潜水艦の音を探知することは非常に難しい。水上部隊を攻撃するか、回避するか、主導権は潜水艦側にあるといえる。水上戦闘艦と比較して地味な存在に見える潜水艦こそが、実は現代の防衛力、抑止力において要となっているのである。

海上自衛隊の潜水艦が装備する主要ウエポン

潜水艦に搭載されている装備は、魚雷、ミサイル、機雷である。ただし情報量の少ない潜水艦の中でも、さらに資料が少ないのがこうしたウエポン類だ。限られた情報の中から、海上自衛隊の潜水艦が装備する主要ウエポンを探ってみよう。

昭和30年に貸与を受けた「くろしお」は、元々米海軍の「ガトー」級だが、第二次世界大戦の潜水艦でも比較的古いタイプで、とりたてて際だった特長はない。ただし魚雷の装備は強力だった。533㎜魚雷発射管Mk39を艦首に6門、艦尾4門の計10門を装備していた。魚雷は前部がMk33、後部がMk14で、魚雷積載数は24本。かつての日本海軍の潜水艦の中で、魚雷積載数の最も多い潜水艦で22本であるから、本級の魚雷の攻撃力がいかに大きいかが分かる。

前部甲板には127㎜単装砲1門も装備した。これは大戦中に浮上して砲戦を行った名残であり、結果的に海上自衛隊の潜水艦で砲を装備した潜水艦は「くろしお」のみとなった。

国産初の潜水艦「おやしお」には533㎜魚雷発射管、試製55式4連装水中発射管HU-401が装備された。Hは発射管、Uは潜水艦用、400番代は4連装を表す。魚雷は試製54式魚雷で、10本が積載されていた。試製54式は技術研究本部が開発した国産のパッシブ音響ホーミング魚雷で、魚雷艇向けに開発されたが、誘導システムが安定していることもあり、潜水艦や護衛艦でも使われた。

続く「はやしお」型、「なつしお」型では発射管が改良され、気泡の少ない水圧式の発射管、試製58式3連装水中魚雷発射管HU-301になった。水圧式発射管は魚雷発射時に気泡を管外に出さず、発射音も小さく、潜航深度にかかわらず発射可能であった。魚雷は変更なかったが、小型のSSKだったため、

魚雷積載作業中の「せとしお」の魚雷発射管室。「せとしお」型の魚雷発射管は、「うずしお」型と配置は同じだが、型式はHU-603に変更された（写真／海上自衛隊）

海上自衛隊呉史料館「鉄のくじら館」に展示されている72式魚雷。主に1970年代から1980年代前半まで使われた。「鉄のくじら館」は海自潜水艦の歴史を学ぶにも最適の施設だ（写真／Jシップス編集部）

積載数は8本と少なかった。

「おおしお」「あさしお」型のいわゆるL型では、艦首に6門と艦尾に2門の発射管が装備された。海上自衛隊の潜水艦で艦尾に発射管を装備したのは本型が最後となった。発射管は艦首がＨＵ－６０１ ６連装水中魚雷発射管に試製54式魚雷、艦尾がＨＵ－２０１にMk37単魚雷を装備した。魚雷積載数は艦首に12本、艦尾に6本の合計18本と倍増した。

涙滴型となった「うずしお」型では、発射管室が前部から船体中央部前寄りに移り、ＨＵ－６０２発射管が6門装備された。使用魚雷はMk37に加え、72式魚雷、昭和54（１９７９）年からは80式魚雷が配備された。72式魚雷は非誘導タイプの潜水艦・魚雷艇用の高速魚雷であるが、性能等については現在でもほとんどオープンになっていない。続く80式魚雷は、潜水艦攻撃を主目的とした電気推進方式の高速ホーミング魚雷で、海上自衛隊が初めて採用した有線誘導魚雷である。酸化銀電池を用いた電気推進で、二重反転プロペラによる推定速度は30ノットとされる。

第二世代涙滴型潜水艦の「ゆうしお」型では、引き続き、72式と80式魚雷が使われたが、5番艦「なだしお」以降はハープーンミサイルも搭載された。潜水艦発射型のサブ・ハープーンは、フィンの付いたプラスチック製の耐圧カプセルであるキャニスターに、主翼とフィンを折りたたんだ状態で収納されている。HU－603発射管からキャニスターごと発射され、海中に飛び出した時点で先端部のキャップが外れ、ブースターロケットに点火、射出されたミサイルが目標に向かって飛翔する。後に「なだしお」以前の既就役艦も発射可能に改装されている。

次の「はるしお」型も基本大きな変化はないが、発射管はHU－603B、魚雷は有線誘導ホーミング魚雷である89式魚雷となった。やはり詳細は明らかにされていないが、89式の雷速は55から70ノット、航続距離は55ノットで40㎞と考えられている。続く「おやしお」型も同様の装備である。

「そうりゅう」型からは、魚雷発射管がHU－606となった。魚雷は同じく89式魚雷を装備している。

「そうりゅう」型の魚雷発射管。発射管は本艦で新型採用されたHU-606。この新型発射管は将来の新型魚雷の進化にも対応可能な仕様とされている（写真／Jシップス編集部）

最新の「たいげい」型では、魚雷発射管は従来通りのHU－606だが、魚雷は89式魚雷に加えて、新型の18式魚雷が搭載される。18式は、デコイを見分ける音響画像センサーにより魚雷欺瞞装置への対処能力が増し、音響環境が複雑になりがちな沿海域や浅深度の音響特性への対応、新型のアクティブ磁気近接起爆装置を備えている。

ディーゼル機関を発動させ水上航走中の「はやしお」。「はやしお」型、「なつしお」型は海上自衛隊の潜水艦の中で唯一三菱製のディーゼルを搭載している（写真／海上自衛隊）

海上自衛隊における潜水部隊の役割と編成

海上自衛隊の潜水艦部隊は、いかに現在のような世界有数の勢力を誇るに至ったかを見てみよう。貸与艦「くろしお」とともに昭和30（1955）年からスタートした海上自衛隊の潜水艦は、当初「くろしお」単艦だったため横須賀地方隊に所属していた。隊として編成されたのは、昭和37（1962）年8月で、「くろしお」「おやしお」「はやしお」、潜水艦救難艦「ちはや」により第1潜水隊が新編された。ここにおいて潜水艦や救難艦は同一指揮系統下に置かれることになった。

潜水艦の増勢が進むと、新たな潜水隊の創設と、それを束ねる潜水隊群の必要性が高まり、昭和40（1965）年2月に呉に第1潜水隊群が新編されるとともに、第1、第2潜水隊が編成された。同年3月に

潜水艦部隊の編成（昭和37年）

- 自衛艦隊
  - 第1潜水隊（呉）
    - 「ちはや」ASR401
    - 「くろしお」SS501
    - 「おやしお」SS511
    - 「はやしお」SS521

は「おおしお」が配備され、海上自衛隊の潜水艦部隊は潜水艦7隻、水上艦2まで成長した。

昭和43（1968）年、第3潜水隊が横須賀の地に開隊された。潜水艦は「あさしお」「はるしお」が転籍。8月に「みちしお」が加わった。横須賀に潜水艦が配備されるのは8年ぶりのことであった。

続いて昭和47（1972）年2月、横須賀に「うずしお」「まきしお」の2隻で第4潜水隊が、翌48（1973）年9月、呉に第5潜水隊が新編される。同年10月には、第3、第4潜水隊を指揮下におき、潜水艦救難艦「ふしみ」を直轄とする横須賀に第2潜水隊群を新編。海上自衛隊の潜水艦部隊はますます充実していく。

1潜群は呉、2潜群は横須賀を司令部としていたが、潜水艦部隊が2ヵ所に分かれているのは指揮・運用面から不都合とされ、その一元化を図る意味でも潜水艦隊司令部の新編が望まれた。昭和54（1979）年、閣議決定の承認を

昭和37年12月14日、川崎重工神戸工場で進水式を迎える「ふゆしお」。後にL型と称された「おおしお」などに比べ、全長が約20mも短く、艦上にいる造船所のスタッフとの対比でもそのコンパクトさが分かる（写真／海上自衛隊）

潜水艦部隊の編成（昭和40年）

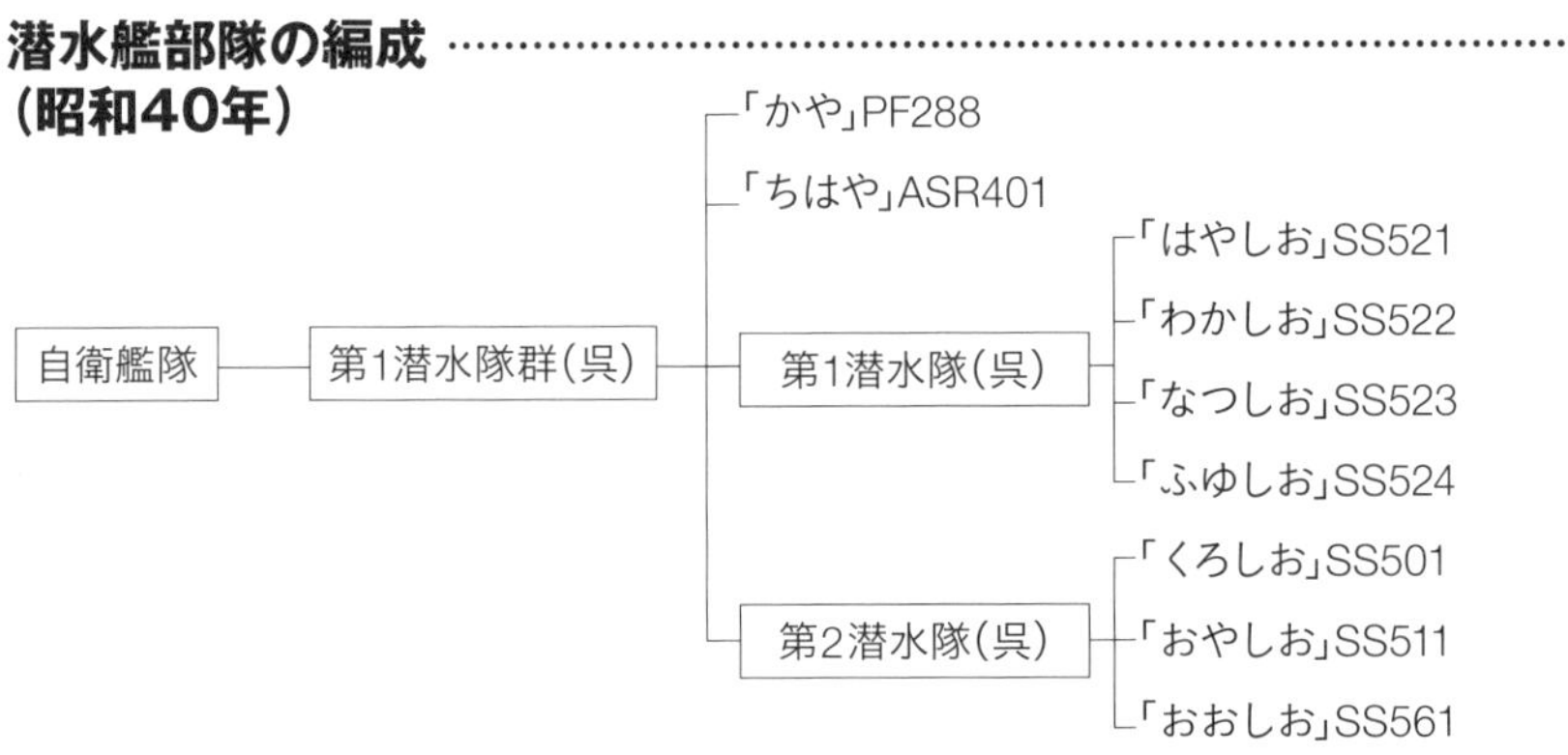

潜水艦部隊の編成（昭和48年）

- 自衛艦隊
  - 第1潜水隊群(呉)
    - 「かや」PF288
    - 「ちはや」ASR401
    - 第1潜水隊(呉)
      - 「はやしお」SS521
      - 「わかしお」SS522
      - 「なつしお」SS523
      - 「ふゆしお」SS524
    - 第2潜水隊(呉)
      - 「おやしお」SS511
      - 「おおしお」SS561
      - 「あらしお」SS565
    - 第5潜水隊(呉)
      - 「いそしお」SS568
      - 「なるしお」SS569
  - 呉潜水艦基地隊(呉)
  - 潜水艦教育訓練隊(呉)
  - 第2潜水隊群(横須賀)
    - 「ふしみ」AS402
    - 第3潜水隊(横須賀)
      - 「あさしお」SS562
      - 「はるしお」SS563
      - 「みちしお」SS564
    - 第4潜水隊(横須賀)
      - 「うずしお」SS566
      - 「まきしお」SS567
  - 横須賀潜水艦基地隊(横須賀)

昭和49年4月に撮影された呉潜水艦バース。当時の第1潜水隊群所属の潜水艦が勢揃いしている。写真左手奥から第1潜水隊「なつしお」「はやしお」「ふゆしお」「わかしお」。潜水艦救難艦「ちはや」を挟み第2潜水隊「あらしお」「おおしお」「おやしお」が並ぶ。写真右手奥に第5潜水隊の「いそしお」「なるしお」が見える。（写真／海上自衛隊）

昭和43年3月16日に行われた第3潜水隊の開隊式。第1潜水隊群隷下に「あさしお」「はるしお」の2艦で編制された。初代司令に任命されたのは佐藤秀一1佐（写真／海上自衛隊）

受け、昭和56（1981）年2月、ついに1潜群、2潜群を束ねる潜水艦隊が編成された。

昭和60（1985）年3月、第2潜水隊が横須賀に移転し、第2潜水隊群は第2、第3、第4潜水隊を隷下に収めることとなった。平成10年、隊番号の変更が行われ、第3潜水隊が第6潜水隊となり、呉の第1潜水隊群は奇数番号の潜水隊、横須賀の第2潜水隊群は偶数の潜水隊で編成されるようになった。

平成18（2006）年、第6潜水隊が解隊され、第1潜水隊群は第1、3、5潜水隊の3個隊編成、第2潜水隊群は第2、4潜水隊の2個隊編成となった。しかし平成30（2018）年、潜水艦22隻体制の進捗を受け、第6潜水隊は再編され、現在に至っている。

潜水艦部隊の編成（昭和56年）

- 自衛艦隊
  - 潜水艦隊（横須賀）
    - 第1潜水隊群(呉)
      - 「はるかぜ」DD101
      - 「ちはや」ASR401
      - 第1潜水隊(呉)
        - 「ゆうしお」SS573
        - 「もちしお」SS574
      - 第2潜水隊(呉)
        - 「おおしお」SS561
        - 「あらしお」SS565
      - 第5潜水隊(呉)
        - 「いそしお」SS568
        - 「なるしお」SS569
      - 第6潜水隊(呉)
        - 「たかしお」SS571
        - 「やえしお」SS572
      - 呉潜水艦基地隊(呉)
    - 第2潜水隊群(横須賀)
      - 「ふしみ」AS402
      - 第3潜水隊(横須賀)
        - 「あさしお」SS562
        - 「はるしお」SS563
        - 「みちしお」SS564
      - 第4潜水隊(横須賀)
        - 「うずしお」SS566
        - 「まきしお」SS567
        - 「くろしお」SS570
      - 横須賀潜水艦基地隊(横須賀)
    - 潜水艦教育訓練隊(呉)

昭和63年2月17日、進水式を迎えた「ゆうしお」型の最終番艦「さちしお」。艦首の自衛艦旗の後方に魚雷発射管を備える。船体中央の四角い箱状のものは進水用浮力タンク（写真／海上自衛隊）

潜水艦部隊の編成（平成26年）

- 自衛艦隊
  - 潜水艦隊（横須賀）
    - 第1潜水隊群（呉）
      - 「ちはや」ASR403
      - 第1潜水隊（呉）
        - 「みちしお」SS591
        - 「まきしお」SS593
        - 「いそしお」SS594
      - 第3潜水隊（呉）
        - 「くろしお」SS596
        - 「もちしお」SS600
        - 「けんりゅう」SS504
      - 第5潜水隊（呉）
        - 「そうりゅう」SS501
        - 「うんりゅう」SS502
        - 「はくりゅう」SS503
      - 呉潜水艦基地隊（呉）
    - 第2潜水隊群（横須賀）
      - 「ちよだ」AS405
      - 第2潜水隊（横須賀）
        - 「おやしお」SS590
        - 「うずしお」SS592
        - 「なるしお」SS595
      - 第4潜水隊（横須賀）
        - 「たかしお」SS597
        - 「やえしお」SS598
        - 「せとしお」SS599
        - 「ずいりゅう」SS505
      - 横須賀潜水艦基地隊（横須賀）
    - 第1練習潜水隊（呉）
      - 「あさしお」TSS3601
      - 「ふゆしお」TSS3607
    - 潜水艦教育訓練隊（呉）

平成23年に撮影された呉の潜水艦バースに並ぶ海上自衛隊の潜水艦たち。5隻の潜水艦のうち一番右は「そうりゅう」型。中央が今や全艦が退役している練習潜水艦となった「はるしお」型、それ以外の3隻は「おやしお」型。右手奥の護衛艦には満艦飾が施されている（写真／上船修二）

潜水艦部隊の編成（令和5年12月）

- 自衛艦隊
  - 潜水艦隊（横須賀）
    - 第1潜水隊群（呉）
      - 「ちはや」ASR403
      - 第1潜水隊（呉）
        - 「いそしお」SS594
        - 「じんりゅう」SS507
        - 「しょうりゅう」SS510
        - 「はくげい」SS514
      - 第3潜水隊（呉）
        - 「くろしお」SS596
        - 「もちしお」SS600
        - 「けんりゅう」SS504
        - 「おうりゅう」SS511
      - 第5潜水隊（呉）
        - 「そうりゅう」SS501
        - 「うんりゅう」SS502
        - 「はくりゅう」SS503
        - 「せきりゅう」SS508
      - 呉潜水艦基地隊（呉）
    - 第2潜水隊群（横須賀）
      - 「ちよだ」ASR404
      - 第2潜水隊（横須賀）
        - 「うずしお」SS592
        - 「なるしお」SS595
        - 「たかしお」SS597
      - 第4潜水隊（横須賀）
        - 「やえしお」SS598
        - 「せとしお」SS599
        - 「とうりゅう」SS512
        - 「たいげい」SS513
      - 第6潜水隊（横須賀）
        - 「ずいりゅう」SS505
        - 「こくりゅう」SS506
        - 「せいりゅう」SS509
      - 横須賀潜水艦基地隊（横須賀）
    - 第1練習潜水隊（呉）
      - 「みちしお」TSS3609
      - 「まきしお」TSS3610
    - 潜水艦教育訓練隊（呉）

横須賀船越地区にそびえる海上自衛隊の海上作戦センター。令和2年に運用を開始した新しい建物で、潜水艦隊司令部もここに所在する（写真／Jシップス編集部）

潜水艦隊を支える支援部隊　潜水艦基地隊

どんなに最新型の潜水艦を保有していても、支援部隊の支えがなくては出港すらおぼつかない。呉と横須賀、それぞれで潜水艦をサポートするのが潜水艦基地隊である。陰で潜水艦隊を支えるのが基地隊の使命だ。

潜水艦基地隊は海上自衛隊が国産の潜水艦を保有し始めた当初から編成されている。昭和34（1959）年9月に呉潜水艦基地隊開設準備室が設置され、「おやしお」就役に先立つこと約4ヵ月、昭和35（1960）年2月に呉潜水艦基地隊が新編された。当初基地隊の重要任務は潜水艦要員の教育であった。

昭和40（1965）年に第1潜水隊群新編に伴い廃止されたものの、昭和42（1967）年10月に再発足し、翌43（1968）年には、横須賀潜水艦基地隊も新編されている。

昭和44（1969）年10月に教育の専門部隊、潜水艦教育訓練隊が新編され、呉潜水艦基地隊の潜水艦教育の任務は解かれた。現在は、潜水艦部隊の厚生、経理、補給、整備、衛生の業務を支援する部隊となっている。

基地隊は4科で編成されており、総務科、厚生科、補給科、整備科に分かれる。総務科は庶務や人事、車両や施設の管理、保健衛生を司る。厚生科は隊員の福利厚生や被服の支給・交換に関する業務を担当する。補給科は会計及び収入の会計、物品に関ることや給与や旅費、給食や栄養管理を担当する。整備科は修理事務、給電に関することや支援船の管理官などの事務を担当している。

一人前の潜水艦乗りを育てる教育

潜水艦要員の教育は潜水艦基地隊に先立ち、昭和28（1953）年9月、横須賀田浦の警備隊術科学校で始まった。かつてここは日本海軍の水雷学校があった場所で、現在は機関科要員を教育する第2術科学校となっている。昭和30（1955）年6月、海上自衛隊術科学校教育部に潜水艦科が設置され、翌昭和31（1956）年に術科学校が江田島に移転する際、潜水艦科は横須賀に分校として残った。昭和34年、横須賀での潜水艦教育が終了し、呉に移転。呉潜水艦基地隊が潜水艦教育を受け継いだ。

江田島に潜水艦要員の教育施設を作ることも検討されたが、実際の潜水艦が近くにあったほうがよかろうということで、呉に収まった。教育内容はともかく、施設においては全くゼロからのスタートで、設備等はほとんど手探りで準備が進められた。

重要な教育施設であるダイビング・トレーナーは昭和35年から翌36年に完成した。これは潜水艦の発令所を本物そっくりに作り、実際の浮上や潜航と同様に上下運動するシミュレーターで、常に最新型の潜水艦のマシンが完備されている。その他、主制御訓練装置、電池実習場、主機実習場など当面必要な機材が整備され、予算は約2億円だったという。

先述のように、昭和40年に一度呉潜水艦基地隊は廃止され、新編された第1潜水隊群が教育を引き継いだが、昭和42年から再編された呉潜水艦基地隊が再び潜水艦要員の訓練を受け持つことになった。

潜水艦教育訓練隊の庁舎階段の踊り場に掲げられている額。潜水艦の場合は水上艦とは異なり、潜水艦隊の隷下に教育部隊を有している（写真／Jシップス編集部）

潜訓が保有する航海術科訓練装置、SNAT。高性能のシミュレーターで、セイル部は除籍艦を転用した実物。波浪や霧、雪などの悪天候を自在に設定でき、潜水艦の水上航走の訓練に役立てている
（写真／Jシップス編集部）

昭和44年10月1日、ついに潜水艦要員教育専門の部隊、潜水艦教育訓練隊が第1潜水隊群隷下に新編された。潜訓は昭和56（1981）年2月に潜水艦隊司令部直轄部隊となり、平成14（2002）年には横須賀潜水艦教育訓練分遣隊も新編され、現在に至っている。

この潜水艦教育の実践の場として活躍しているのが、練習潜水艦だ。通常2隻が配備され、開発中の装備をテストする場としても活用されている。平成12（2000）年3月には第1練習潜水隊が編成され、「ゆうしお」型の「せとしお」と、「はるしお」型の「あさしお」の2隻でスタートしたが、現在は「おやしお」型の「みちしお」「まきしお」の2隻がその任に就いている。

海上自衛隊の潜水艦保有隻数が16隻から22隻へと増勢されていくのに伴い、潜水艦乗員の確保が非常に大きな課題となった。潜水艦教育訓練隊には、6隻を増やすために、単純計算でさらに400名を超える潜水艦乗員を育成しなくてはならないという重い使命が課せられたのだ。

潜水艦の教育は、潜水艦隊直轄の潜水艦教育訓練隊が実施するフリートスクールとなっている点が特色である。水上艦の場

合は護衛艦隊や掃海隊群に教育機関はなく、第1、第2術科学校など、防衛大臣直轄の教育組織が担当し、練習艦を擁する練習艦隊も防衛大臣直轄となっている。それに対し、潜水艦の場合は練習潜水艦を保有する練習潜水隊まで潜水艦隊直轄である。つまり、潜水艦隊は海上、陸上ともに潜水艦に関する作戦・訓練・教育を一手に引き受け、そのすべてを司る機能と役割を有しているのである。

潜水艦乗員の教育は、護衛艦同様に大きく幹部と海曹士に分けられる。幹部の教育には6つの課程がある。まず、幹部候補生学校出身者及び部内から幹部になる者の潜水艦幹部候補者が入校する「幹部潜水艦課程」。教育期間は5ヵ月、その後11ヵ月の実習幹部を経て、潜水艦乗員の証、通称「ドルフィンマーク」を手にする。

次に1尉が対象の「幹部中級潜水艦課程」。約1年の課程である。実習幹部を卒業してドルフィンマークをもらい、水雷士、船務士といった通称「サムライ配置」を2配置、科長配置を1配置以上経験した幹部の進む課程である。

その次に、文字通り潜水艦艦長を養成する課程「潜水艦指揮課程」へと進む。3佐もしくは2佐が対象で、期間は2ヵ月である。これ以外にも3佐を対象として、テーマを与えられて研究する「幹部専攻科」がある。

海曹士に対しては全部で8課程ある。海上自衛隊に入隊し、潜水艦の道を進む際の入門編ともいうべき課程が「海曹士潜水艦課程」である。春に教育隊に入隊して、8月末までが最初の基礎教育だ。9月から潜水艦教育訓練隊に入り、ここで約4ヵ月学び、その後さらに4ヵ月の乗艦実習を経て、「ドルフィンマーク」を手にする。その後は配属された各術科単位での課程が準備されており、ここでさらに専門性を高めていく。

電子整備員には潜水艦武器システム課程、魚雷員には「潜水艦攻撃武器課程」、水測員には「潜水艦水測（ZQQ-7）課程」、電測員には「潜水艦電測武器課程」があり、教育期間は1ヵ月から3ヵ月である。そのほかに潜水艦救難におけるDSRV関連の課程として、「深海救難艇基礎課程」と「深海救難艇操縦課程」がある。

潜水艦艦長への道

単艦で行動する潜水艦は艦長に委ねられる裁量が大きく、それに伴い当然ながら大きな責任がある。また潜水艦は水上艦よりも数が少なく、それゆえ艦長への道程は険しい。

では、幹部の潜水艦乗りはどのような職務経験を積んで艦長への道を歩んでいくのだろうか。そのキャリアを時系列で見てみよう。

幹部として潜水艦乗りになるには、まず防衛大学校もしくは一般大学等を卒業後、いわば厳しい職業訓練校である幹部候補生学校で1年学び、3尉に任官する。次いで半年間の遠洋航海を経て、水上艦勤務を1年程度経験し、身体適性検査をパスしなければならない。潜水艦適性は適性心理テストのほか、裸眼視力0・1以上、矯正視力1・0以上が求められる。ちなみに、かつては視力に矯正が必要な者は適性が認められなかったが、今後は潜望鏡観測も少なくなることに鑑み、眼鏡をかけていても可となった。そのほか、耳鼻関係に障害がないこと、閉所恐怖症でないことが条件となる。

これらの適性をパスした者のみに、ようやく潜水艦要員への道が開ける。選抜された人間は約5ヵ月の「幹部潜水艦課程」へと進む。まず座学で潜水艦の船体構造について叩き込まれる。潜航原理、タンク、

潜水艦教育の要、潜航操縦訓練装置。D/T、通称ダイトレともいう。保有する潜水艦の型式別ごとにD/Tがあり、艦の操縦にあわせて装置が傾斜する。写真は「そうりゅう」型のD/T（写真／Jシップス編集部）

潜訓に設けられている防火訓練装置。実際の火や水を使い、本番さながらの訓練を実施している。同じ建物には浸水時の応急処置を学ぶ訓練装置もある（写真／Jシップス編集部）

空気系統、油圧系統、トリムについてなど、学ぶことは多い。

実務ではダイビング・トレーナー、つまり発令所を再現したシミュレーターを使用して、潜航・浮上作業やトリム作成などの作業をチームとしてできるよう訓練される。潜水艦戦術訓練装置で対潜水艦襲撃訓練などが行われ、本物の火や水を使用する応急訓練装置で応急措置を学ぶ。仕上げは練習潜水艦での実習訓練である。

次に専門分野へ進み、ソーナーの聴音分析訓練、ＥＳＭ電子訓練、潜望鏡観測訓練、機関や補機、電池について学ぶ。ここまでが約５ヵ月、続いて実際の潜水艦に実習幹部として乗り込み、11ヵ月の実務に即した訓練が続く。

この間、階級としては下である海曹からも鍛えられる。のんびりしている時間はなく、暇さえあれば艦内のバルブの一つでも覚えるような姿勢が求められる。こうした船務、水雷、機関の各配置での実習教育期間を経て、検定を受ける。最終チェックを通過すれば、晴れて潜水艦徽章、「ドルフィンマーク」を手にして立派な潜水艦乗りとなるわけだ。

その後はまず水雷士、航海士などのいわゆる「サムライ配置」に就き、２〜３年はそれらの配置を経験する。その後潜水艦部隊の隊勤務か、各種学校の教官として活躍することになる。この頃階級は1尉となり、潜水艦教育訓練隊の「幹部中級潜水艦課程」を受ける。その後潜水艦の各科長、哨戒長（船務長、機関長）の配置が2配置、約3年は経験することになる。

その後、陸上勤務等配置の後に副長として潜水艦に赴任する。副長は潜水艦幹部の中で、一番実務として大変だったと語る人が多く、仕事量が多いのであろう。副長を果たすと、再び陸上勤務となり多くは海幕や司令部の幕僚の勤務を経験する。また、選抜された者は幹部学校の「指揮幕僚課程」あるいは「幹部専攻科潜水艦課程」を経て、「潜水艦指揮課程」へと進む。ここでは潜水艦指揮について広範囲かつ複雑な運用や戦術を学ぶ。そして後は潜水艦艦長の任命を待つのである。

潜水艦幹部としてのキャリアを見て特徴的なのは、潜水艦の各科長を2配置やった後、そのまま潜水艦の副長、艦長とならないことだ。必ず陸上勤務を挟んで、潜水艦に戻ってくることになる。これは幹部として広い視野、さまざまな経験を積ませることに意味があると思われる。もっとも当人としては、潜水艦から離れている期間を経てから、副長や艦長に就くため、いわゆる「潮気」が抜け、慣れるまで大変な面もあるようだ。

こうして晴れて艦長に着任しても、その任期は2年弱程度。何隻も艦長を務めることは非常にまれで、幸福な人で2隻、ほとんどの幹部は1隻の艦長を務めるのみである。

その後は幕僚、潜訓の教官、海上幕僚監部で潜水艦を担当したり、群・隊司令などへ進み、ごく限られた一部の者のみが潜水艦隊の幕僚長や艦隊司令官を務めることになる。しかし、潜水艦部隊の頂点である潜水艦隊司令官ですら、最もやりがいを感じた配置は潜水艦長だと言い切る。ある意味、潜水艦乗りのキャリアのハイライトは、艦長であるともいえよう。

潜水艦内での編成と配置

現在、海上自衛隊で第一線にある潜水艦は「たいげい」型、「そうりゅう」型、「おやしお」型の3型式。「たいげい」型は定員約70名、「そうりゅう」型は定員約65名、「おやしお」型は定員約70名となっている。艦内の潜水艦乗員たちはどのように任務に就いているのだろうか。「おやしお」型を例に、艦内の編成や配置を見てみよう。

潜水艦艦内編成の一例

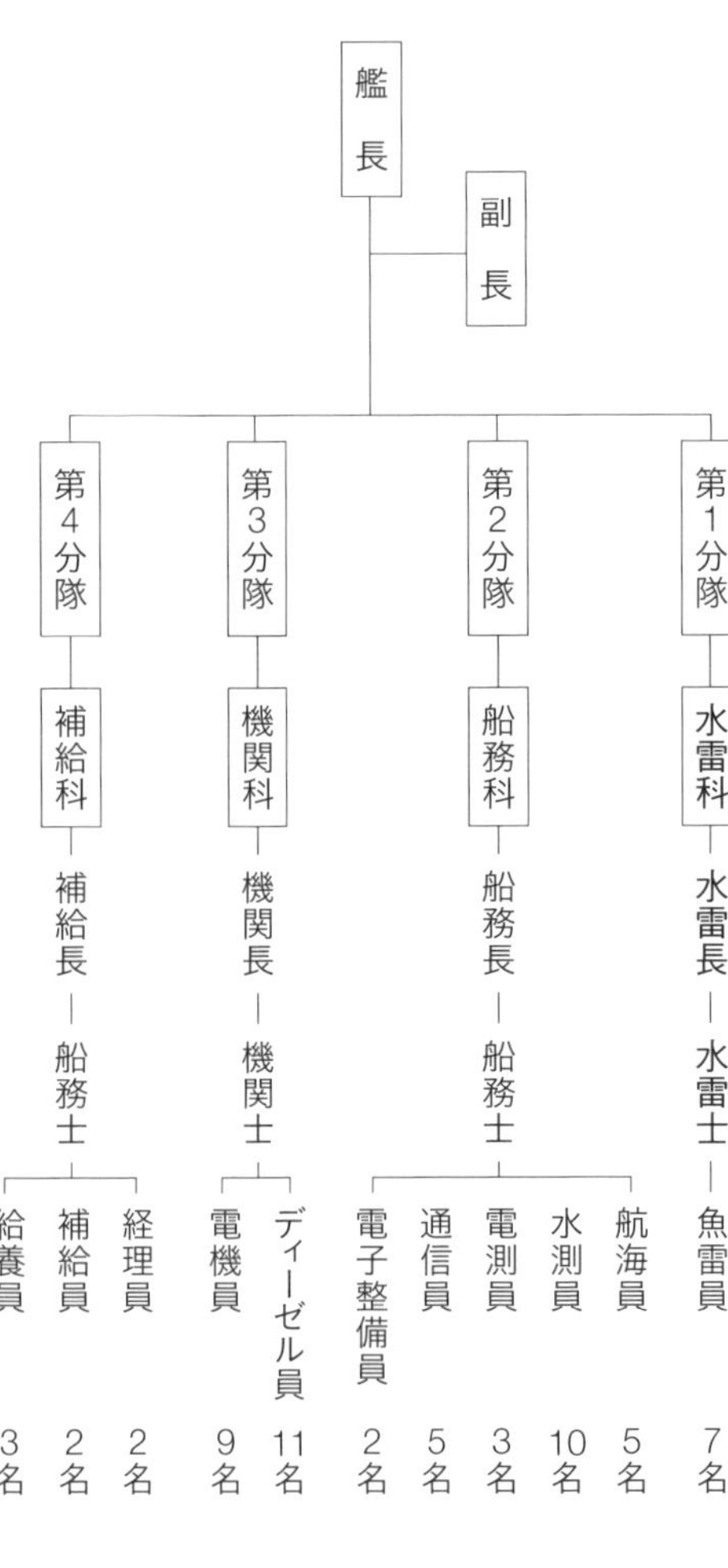

セイルサイドにある潜舵の上で、命綱をつけ見張りを続けている「おやしお」型の乗員。写真のような穏やかな天候であればいいが、ひとたび海が荒れれば、潜航するまで飛沫厳しい見張りが続くことになる
（写真／Jシップス編集部）

艦長は2佐、副長は2佐ないし3佐がその任に就く。その指揮下に4個の分隊が編成されている。1分隊は魚雷やミサイルなど武器の整備、装填などを担う。2分隊は航海、ソーナーなどの水測、電測、通信など。3分隊はディーゼルや電池などの機関を担当、4分隊は補給や衛生、経理、食事も担当する。

こうした編成のほかに部署というものがある。主な部署は戦闘部署、作業部署、緊急部署などがある。戦闘部署では合戦準備、すなわち潜航するための準備作業や、魚雷（ミサイル、機雷敷設）戦や爆雷防御、艦内保全を言う。

作業部署は出入港、航行、航海保安、霧中航行、潜入、浮上、スノーケル、無音潜航、深深度潜航、沈座、空気清浄、ひかれ船、出入渠、荒天、露頂などである。緊急部署は、防火、防水、塩素ガス、応急操舵、溺者救助、脱出などで、緊急は総員配置である。

出入港時、幹部は当直士官、副長が艦長とともに天蓋に立ち、水雷長が前部指揮官、補給長が中部指揮官、機関士が後部指揮官、船務士が船務指揮官、機関長が運転指揮官を務める。

実際の艦内での勤務は三交代制で、これを当直という。当直は4時間交代3直のローテーションとなる。このため、次の直は8時間ずれた時間帯となり、固定された時間帯とはならない。

艦長と副長に当直はなく、各直に水雷長、船務長、機関長が付き、それぞれの直を指揮する。たとえば、各直の時間帯は次のようになる。

0800-1200	1直	2直	3直
	↓	↓	↓
1200-1600	2直	3直	1直
	↓	↓	↓
1600-2000	3直	1直	2直
	↓	↓	↓
2000-2300	1直	2直	3直
	↓	↓	↓
2300-0200	2直	3直	1直
	↓	↓	↓
0200-0500	3直	1直	2直
	↓	↓	↓
0500-0800	1直	2直	3直

各直の乗員の配置は、おおむね以下のようになる。

発令所　哨戒長、潜航管制員、操舵員、航海科員、電測員、電子整備員、水測員
電信員室　通信員
発射管室　魚雷員
機械室　ディーゼル員
電動機室　電機員

各直における配置は、それぞれの状況によって異なる。例えば魚雷攻撃の場合の発令所はおおよそ以下のようになる。

艦長
副長
戦闘記録員
武器管制官　　発射管関係員
発射管制官　　作図関係員
　　　　　　　水測関係員
　　　　　　　目標運動解析員
応急指揮官

潜水艦乗員は水上艦以上に一人何役も担っており、「おやしお」型であれば定員70名から欠員のある状態では出港できない。どうしても体調不良等で潜水艦に乗れない乗員が出れば、急遽ドック入りしている潜水艦の乗員を呼ぶしかない。

「おやしお」型の発令所。行動中の潜水艦の頭脳であり、「おやしお」型から自動化が進んだため、はほぼすべての機能をここで管理することができる（写真／Jシップス編集部）

潜水艦乗りたちの日常生活

●食事

娯楽の少ない艦隊勤務で、士気の源となるのはなんといっても食事だ。特に潜水艦は食事以外の楽しみ

「おやしお」型の科員食堂。この日は毎週金曜日の定番であるカレーだが、野菜やゆでたまご、牛乳なども添えられ、栄養のバランスに気を配られている（写真／Jシップス編集部）

は少ないので、乗員の食事に対する期待も高く、給養員は否が応でもその期待に応えなければならない。実際、潜水艦の食事のメニューはバランスよく、バリエーション豊富で極めておいしい。

現在の食糧品の加工や保存技術は高いものの、やはり長期行動になると生鮮食料品が少なくなる。貯蔵庫及び艦内のスペースには60日分程度の食糧を積載できるようになっている。レストランなどでは、食材を冷蔵庫に保管する場合、種別ごとに貯蔵していると思われるが、潜水艦の場合、使用する食材が毎日の献立ごとに詰まっている。食材ごとに貯蔵すると出し入れに手間がかかり非効率で、献立に偏りが出るからである。

食事は当直に即して、各自が時間を決めて食事をする。0600、1200、1800、2400が食事の時間で、当然ながら全4回すべて食べる乗員はなく、当直に合わせ3食が普通である。重め、軽め、重めのメニューが用意されているが、艦内ではどうしても運動不足になるので、艦長やベテラン隊員は炭水化物を少なめにする人が多いという。

●入浴とトイレ

艦船の宿命として水は貴重品だが、特に潜水艦は真水の備蓄量が少なく、より貴重となっている。

入浴は護衛艦のように湯船につかることは望めず、設備としてはシャワーだけが用意されている。かつ

右／「おやしお」型のシャワー室。最近は真水タンクも大きくなり、特に日にちを決めるよりも、自由に利用させた方が真水を節約することになるという。洗面流し台は折り畳み式（写真／柿谷哲也）

左／潜水艦のトイレは2回の操作が必要で、用を足したらまず写真右手にあるフラッパー弁を使ってブツをタンクに落とし、左手にあるレバーをひねって水を流す（写真／柿谷哲也）

てはシャワーが許される日は何日かに一度と決められ、その日以外はシャワーはおろか、洗面にすら真水を使うことを控えることとされていた。しかし、これでは虫歯などの原因にもなる上、日にちを決めてしまうと、その日に浴びたくなくても次の許される日までが長くなるので、ほぼ全員が浴びるようになってしまう。そこで現在では乗員個人の選択で任意にシャワーを浴びるようになった。その方がトータルで水の消費量を節約できることが分かったのだ。

シャワーを浴びた後、清潔な下着に替えたいのは人情である。だが艦内のスペースが限られているので着替えの量も限られ、毎日下着を替えるわけにはいかない。3日に一度程度のペースでシャワーを浴び、下着を交換するのが真水の節約の上でもベストなのだという。

トイレはシャワー同様に、幹部と曹士が別々のものを使用する。ただし、スペースや設備に大きな違いはない。潜水艦のトイレは特殊で、二つの弁を操作する必要がある。用をたした後、まずフラッパー弁で汚物をタンクに落とし、もう一つのレバーで水を流さなければならない。

この汚物は艦内のサニタリータンクに溜められる。ここにはその他の生活排水も一緒になるので、長期行動ではいずれ満タンになる。

従来の潜水艦ではこのサニタリータンクの汚水を高圧空気で艦外に放出していたが（これを「サニタリーブロー」という）、問題はタンクに残った高圧空気である。従来は艦内に放出するしかなく、非常に激しい悪臭が乗員を悩ませた。これが上陸すると家族にまで嫌がられたという「ディーゼルスメル」の正体である。

大変なのはサニタリーブロー中に先のフラッパー弁を開けてしまうことだ。そうなると便器からせっかく流した汚物が恐るべき勢いで噴き出すことになる。ブロー中は必ずトイレの扉に「使用禁止」なる札が出ているが、それでも自爆してしまう隊員がいたという。当然だが階級に関係なくその場合は自分で清掃しなくてはならない。

しかし現在現役の「おやしお」型は、2つのタンクのうち1つをポンプで艦外に排出するようになり、かなり悪臭は減じるようになった。さらに「そうりゅう」型からは艦内に放出する必要がなくなったとされる。こうしてサニタリーブローの悲劇も今では過去の話となった。

●睡眠

米海軍の潜水艦やドイツの潜水艦などは、一つのベッドを二人で使わなければならないが、海上自衛隊の潜水艦は狭くても一人ひとつの寝台がある。三段ベッドになっていて、最上段のみやや高さがある。ただし、どの位置に陣取るのが一番よいのかは、区画によって微妙に異なる。

スペースに余裕がある上段でも、艦内のパイプの影響で住みにくいこともあるし、中段は開け閉めしやすく私物が収納しやすいとか、出入口に近いベットは条件が悪いなど、与えられた居住区で、先輩から条件のよい寝台を選択できるらしい。長幼の序がこういう局面で発揮されるのがいかにも日本的だ。とはいえ、慣れれば狭い空間でも唯一のプライベート空間。住めば都となるという。

●娯楽

水上艦に比べ、潜水艦はさらに娯楽が少ない。無論自衛艦なので艦内での飲酒は一切禁止である。祝いごとや一年の締めくくりで乾杯ということがあっても、ノンアルコール飲料が供される。

艦内は基本的に禁煙。「おやしお」型はスノーケル中であれば場所を限定して許されたが、現在はすべての型で全艦禁煙となった。

酒豪もヘビースモーカーも、まったくそれらを嗜む機会がなければ、我慢を意識することもないそうだ。もっとも、上陸した際の一杯や一本は、同じ酒やタバコでもいつも以上にうまいに相違ない。

水上艦では艦上体育が定番だが、潜水艦では運動するほどのスペースはない。テレビは当然電波が入らないので、停泊中に録画をしておくか、ＤＶＤを見る。普段から艦内では音を極力出さないように気を配っているので、ヘッドフォンをつけて鑑賞する。

科員居住区。この狭い三段ベットが乗員の唯一のプライベート空間となる。必ずしも上段が上位者ではなく、乗り降りのしやすい位置、入り口などの人があまり通らない場所が先輩の寝床である。（写真／柿谷哲也）

科員食堂で束の間の休憩を楽しむ「おやしお」型の乗員たち。航海中テレビは受信できないので、映画などのDVDや録画された番組を音が漏れないようヘッドフォンで楽しむ（写真／Jシップス編集部）

ビデオやＤＶＤのない時代には、潜水艦に映写機が備えられ、映画会社から借りてきたフィルムを回して映画を楽しんだという。ところが艦内に冷房も満足にない時代、映写機が出す熱で艦内が暑くなり、汗をかきながらの映画鑑賞は懐かしい思い出だと古い乗員は語る。

映画の内容は深刻なものや、最初から見ないと分からないようなストーリーのものは避けられ、明るい内容でどこから見ても大体ストーリーが把握できる映画が好まれた。

その他、囲碁や将棋、トランプを楽しむこともある。英国海軍に範をとった日本海軍からの流れからか、トランプはやはりブリッジが定番であった。麻雀は途中でやめられず、音が出るので不可である。最近は複数人で遊ぶより、個人個人で気分転換を図ることが多いと聞く。ただし携帯は使用できない。読書か、ポータブルゲーム機が定番の娯楽である。

●帰港

潜水艦の行動は極めて秘匿性が高いため、出港や入港の日時、その艦名に至るまで、まず明らかにされない。乗員もその秘匿の責務を負い、特にどこに行く、何日程度の行動という情報は家族にも教えることはできない。一度出港すれば、本人が重病にでもならない限り、途中で戻ることも連絡もつかないのが潜水艦乗員というものである。

残される家族のみの裏技として、潜水艦に持参する私物の量でおおよそ家を空ける日数を察するのだという。例えば、今日は下着を5着持っていった。3日に1枚交換するとしたら、今回は2週間くらいだろうか——というわけだ。

●潜水艦気質

潜水艦乗りの気質には、共通の特長がある。一つには責任感と仲間意識の強さだ。潜水艦は定員を満たさずに出港することはできない。そして一人のミスが艦を沈没させることにもつながり、そうなれば全員が艦と運命を共にしなければならない。万が一のときは一蓮托生の運命共同体という気持ちが根底にある。

さらに、潜水艦はやはり狭く、水上艦以上にプライベートな時間、空間が少ない。潜水艦には神経質な人、極端な几帳面、潔癖症な人は向かないという。潜水艦乗りは緻密な部分もあるが、どこか神経の図太い部分がなければやっていけないようなところがある。

狭い艦内ということもあり、艦長以下、幹部や先任海曹、曹士に至るまで、階級による距離感が少ない。幹部に至っては「オール・オブ・ザ・ボート」という意識があり、自分の艦である以上、科が異なっても基本的にすべてを把握しているように努力を続ける姿勢がある。

中には潜水艦を希望していなかったにもかかわらず、潜水艦乗りの辞令が出た乗員もいる。当初は泣く泣く潜水艦に勤務した隊員も、最後は潜水艦が一番よいと言い出す。こればかりは、本物の潜水艦乗りになったことのない者には分からない感覚かもしれない。それだけに、潜水艦乗りには強い自負、プライドがある。

潜水艦乗りになる時点で選ばれし者であり、その後の厳しい潜水艦での任務は、「潜水艦乗りにできないことはない」という自信とそれに伴う実績を生む。アットホームで、目立たぬように、やるべきことをきっちりやり遂げる――、それが潜水艦乗りの気質だ。彼らの任務は隠密性を旨とするゆえに、他者から評価されることも、感謝されることもない。しかしそれを誇りとする彼らの横顔に、潜水艦乗りの美学を感じるのである。

「おやしお」型のセイルのトップ、通称天蓋から見下ろす艦首。海が荒れた真冬の天蓋は冷たい波をかぶることもあり、非常に厳しい配置だ。彼ら潜水艦乗りによって、今日も日本の海は護られている（写真／Jシップス編集部）

別章

川崎重工・三菱重工と潜水艦

――両社から見た日本海軍潜水艦史

約40年の日本海軍潜水艦の歴史

日本海軍が初めて潜水艇を導入したのは、明治38（1905）年である。以来、太平洋戦争終戦まで40年が日本海軍の潜水艦史となる。この40年の歴史で日本海軍が保有した潜水艦は、大小合わせて241隻であり、大型の伊号潜水艦が119隻、中型の呂号潜水艦が85隻、小型の波号潜水艦は37隻。しかし潜水艦の本格的な作戦参加は太平洋戦争の期間だけで、第一次世界大戦や日中戦争ではほとんど実戦がなく、敵と交戦していない。

太平洋戦争に参加した潜水艦、すなわち出撃した潜水艦は150隻だが、そのうち127隻が沈没して帰らなかった。生き残った潜水艦は58隻あったが、これは開戦当初は実戦配備されていても、途中老朽化により練習潜水艦になったり、竣工はしたが初陣で終戦を迎えたりした潜水艦も含まれての数である。それらと輸送用潜水艦を別にして、本来の攻撃型の潜水艦で何度も出撃を重ねた高練度艦で生き残

非常にめずらしい呂号第63潜水艦の引渡式を撮影した一枚。当時は一般には公開されず、「極秘」のスタンプが押されている。イギリスから導入したL型シリーズの1隻で、呂号第51〜68までの18隻すべてが三菱神戸造船所で建造された
（写真提供／勝目純也）

った潜水艦はいったい何隻かと見てみると、なんとわずか伊号潜水艦で4隻、呂号潜水艦で1隻でしかない。まさに全滅といってよい損害であった。

日本海軍の潜水艦を建造したのは、呉、佐世保、横須賀の海軍工廠とともに、現在も海上自衛隊の潜水艦の建造を担っている川崎重工と三菱重工、それぞれの前身となる造船所である。両社の潜水艦建造への関わりとともに、日本海軍潜水艦の歴史をたどってみよう。

潜水艦建造苦難の道

潜水艦に限ったことではないが、明治期に近代化を図った我が国の軍備は、まずはそれぞれ欧米先進国の兵器を輸入することから始まった。その後、ライセンス契約を締結して国内で建造し、次いで日本仕様にコピーを行い、さらに改良を加えて純国産化を目指すのである。

潜水艦の場合、船体は比較的早く国産化に成功するが、機関はなかなか国産機関を開発することができず、初めて船体・機関ともに国産化に成功したのは昭和9（1934）年である。しかし建造が難しい潜水艦を導入からわずか29年で国産化したことは、稀有な例であり、アジアでは日本以外には存在しない。

潜水艦の建造は呉海軍工廠が1番艦を建造し、その後に佐世保や横須賀の海軍工廠で建造するという流れであった。駆逐艦の舞鶴、潜水艦の呉といわれる所以である。

一方、民間造船所の先駆者は川崎造船所であった。現在の川崎重工業の前身である。そしてもう1社、民間潜水艦建造の雄となるのが三菱神戸造船所、現在の三菱重工業の前身である。今も海上自衛隊の潜水艦の潜水艦建造を担う両社は、日本の潜水艦の歴史そのものと言ってよい。最終的に造船所ごとの建造数は次の通り。

主な潜水艦建造所

呉海軍工廠	51隻
佐世保海軍工廠	36隻
横須賀海軍工廠	25隻(その他、組立が5隻)
川崎(造船所)重工	54隻
三菱神戸造船所	53隻
三井玉野	6隻
外国の建造	3隻

海上自衛隊の潜水艦建造を続けている川崎重工と三菱重工では、戦後初の国産潜水艦「おやしお」から、最新型の「たいげい」型まで、2023年現在で川崎が32隻、三菱が31隻であり、日本海軍時代と同様にほぼ同隻数の潜水艦を建造してきたことになる。

川崎造船所に始まる国産潜水艦実現への努力

川崎重工業の前身にあたる川崎造船所の歴史は古く、明治11(1878)年に薩摩藩の御用商人から身を起こした川崎正蔵が、築地の地に設立した川崎築地造船所に始まる。明治14(1881)年には、神戸に現在の川崎重工神戸工場につながる川崎兵庫造船所を設立している。しかし当時は経営が困難だったという。

後に築地の造船所は閉鎖され、川崎造船所と社名を変更して神戸に集約された。日清戦争によって新造、修理の需要が増えると、造船所の事業はようやく拡大していった。その後、経営強化のため資金調達を行い、株式会社川崎造船所を設立、初代社長に松方正義（第4代・6代内閣総理大臣）の3男、松方幸次郎が就任した。この松方幸次郎こそが、日本海軍潜水艦史における民間最大の功労者といわれる人物である。

個人経営から松方が率いる株式会社になってから、艦艇建造は本格化され、ロシアとの関係が不安視されるなか、明治32（1899）年から水雷艇や駆逐艦の建造が始まった。そしてついに明治37（1904）2月に日露戦争が始まった。

その最中の6月、松方幸次郎は密かにアメリカに出張している。会社には「緊急の要務により」とあったそうである。予定は70日間で、その要務とは「造船業視察」となっていた。日露戦争の最中に造船所の社長が平時のような視察とは不可解である。しかし実の所は、日本海軍の要請で潜水艇の基本技術を日本に輸入する目的のために松方に白羽の矢が当たったのである。

そもそも日本海軍が潜水艇の導入を検討し始めたのは、日露戦争開戦からさかのぼること5年、明治32年に、後の海軍大将で「潜水艦の父」ともいわれる井出謙治海軍大尉が、米国駐在を命ぜられたことに端を発する。この3年に及ぶ駐在期間は、まさに米海軍が潜水艇の導入を検討している最中であった。

井出は大いに関心を持ち、ただちに本国へ宛てて「潜航水雷艇に関する報告」をまとめて送った結果、海軍省から購入条件を調査せよとの回答を得た。米側との交渉では5隻以上の注文でなければ契約できないと主張されたものの、粘り強い交渉の末、4隻での発注を認めさせる。しかし本国から「未だ潜水艇採用の機運に達せず」との結論を得て、潜水艇購入は断念、井出は失意のうちに帰国することになった。

このように潜水艇の導入に慎重だった海軍も、日露戦争で一変する。開戦まもない5月15日、旅順港外の老鉄山南東10マイル付近において、戦艦「初瀬」「八島」が触雷、沈没したのである。これは当時の連合艦隊にとって大打撃であり、一大痛恨事であった。ロシアの旅順艦隊やバルチック艦隊との決戦を前に、貴重な戦艦6隻のうち、戦わずして2隻が一度に失われたのである。しかもその前後1週間で、軽巡1隻、通報艦1隻、砲艦2隻、駆逐艦1隻、水雷艇1隻が触雷や衝突事故で失われていた。

この深刻な事態に、軍令部は極めて迅速な対応策を検討する。こうして立案された艦艇緊急補充計画の一環として、ホランド級潜水艇5隻をエレクトリック・ボート社へ注文することに決したのである。

日本が初めて国産化に成功した第6潜水艇。残念ながら性能的にはまだまだだったが、日本海軍の潜水艦の歴史は本艇の建造から始まったといえる（Photo/USN）

しかし潜水艇5隻だけでは心もとない。早期に国産潜水艇の建造を成功させなくてはならないのは自明であった。松方は民間人でありながら、その使命を帯びたのである。

実は井出はホランド型の設計者である、J・P・ホランド博士より新たに設計した潜水艇の設計図2枚の提供を受けていた。個人で設計した潜水艇図面を、ロシアとの戦いで少しでも役に立てばと、懇意していた井出に提供したのである。

ところが図面の内容は、潜水艇を満足に見たことのない日本の技術者にとって難解であった。潜水艇の国産化は日本の命運がかかっていると認識していた松方は、アメリカに到着するなりホランド氏を説得して、技術者を日本に招聘することを承諾させた。

こうして国産初の潜水艇は川崎造船所により明治37年11月より着手、苦心惨憺の末に2隻の潜水艇の進水にこぎつけた。松方幸次郎は採算を度外視し、「全部損してもなにほどかは国のためになろう」と、一切が日本人の手になる潜水艇建造を成功させたのだ。これが後にホランド型改といわれる第6・第7潜水艇である。しかしこの進水式が行われた日は、残念ながら日露戦争が集結した23日後であった。

日本人が最初に設計した川崎型の竣工

日本海軍はホランド型改の量産を検討したが、佐久間勉艇長の遺書で知られる遭難事故で有名な第6潜水艇の実績が不良だったこともあり同型の量産を断念。新たに我が国独自の潜水艇の設計・建造に踏み切ることになる。新型の復動型ガソリン機関を搭載し、ホランド型改の図面のみから潜水艇を完成させた川崎造船所の設計で建造は進められた。

ホランド型改をベースとしているが、同時期に導入が進められていた英ヴィッカーズ社のC型も参考にしたといわれ、発令所の配置などにC型の影響があるとされる。C型3タイプはいずれも水上での排水量が300トン以下に対して、川崎型は304トンと大きく、水上速力と航続力が増大し、魚雷発射管2門、潜望鏡2本を有するなど、大きな期待とともに大正元（1912）年9月に竣工し、第13潜水艇（後に波号第6）と命名された。

しかし建造の途中で新型の米国製の機関にさまざまな不具合、故障が発生し、ついに機関不具合がすべて解決しない状態で海軍に引き渡された。海軍側でも納入後に改造を繰り返したが、解決することはできず、機関の全力発揮にはほど遠く、船体強度も不十分で潜航深度についても30m以上は困難で、期待されたC型以上の性能は発揮できずに終わっている。そのため訓練用もしくは沿岸防衛用にせざるを得ず、昭和4（1929）年に除籍されている。

本型の建造は、あらためて潜水艇の国産建造の困難さを示したといえる。それでもさらなる国産潜水艇建造に向けて、大きな経験を積むことができたともいえよう。

ホランド級やC型のような単殻式の潜水艦では今後の発展・育成が困難と感じた日本海軍は、引き続き当時の潜水艦先進国であるフランス、シュナイダー社のローブーフ型潜水艇2隻を購入した。これはS型といわれ、これまでのガソリン機関と異なり、石油機関のエンジンを搭載していた。しかしS型は兵装が過大で船体に脆弱な面があり、長期間の行動に適さないと判断された。

輸入と国産化の試行錯誤——模索期

明治期における艦艇の建造は、まず海軍側の技術者と、民間造船所の技術者が海外に派遣され、先進造艦技術を習得していた。主力艦においては艦政本部の設計に民間会社が参加するという方式だった。大正に入ると、ようやく艦政本部に潜水艦の担当部署が設置される。大正7（1918）年、艦政本部に潜水艦を担当する第7部が設置されたのだ。その後の組織変更で潜水艦担当の部名は、3部、5部と変わるが役割は同じである。

艦政本部は軍令部の要求に基づき、基本設計を立案し、基本計画に基づいて建造に必要な図面を、新造艦の場合呉工廠で実施した。そして他の海軍工廠や民間会社は呉工廠の図面で建造するというのが大きな流れである。

ただし呉工廠に潜水艦部が組織され、確率したのは昭和4年からであり、横須賀工廠と佐世保工廠の潜水艦部は昭和19（1944）年、舞鶴潜水艦部は昭和20（1945）年になる。

ただ、大正時代は引き続き輸入に依存しており、次に導入されたのはディーゼル機関を搭載する潜水艦であった。イタリアのF型、イギリスのL型潜水艦と、日本で設計された船体にズルザー機関を搭載した海中1型〜4型、特中型45隻がこの時期に含まれる。

大正3（1914）年、潜水艦先進諸国でもあったヨーロッパ各国は第一次世界大戦に突入した。戦時下の技術輸入は困難であったが、比較的影響の少なかったイタリアのフィアット社から導入することになったのが、ローレンチ造船官が考案した複殻式航洋型潜水艦、F型である。

その建造を担ったのは、日本海軍の推奨により大正4（1915）年に機関を含めた製造特許権を取得した川崎造船所であった。大正9（1920）年に第18潜水艦（後の呂号第1）、第19潜水艦（後の呂号第2）を竣工させた。

同型の複殻式船体はガーター構造と呼ばれるもので、内殻外殻ともに耐圧強度を有し、これまでよりも潜航深度が深く、水上速力も高速が発揮できるとのカタログ・スペックであった。しかし実際には船体強度に問題があり、船体の区画ごとに変形が生まれ、潜航深度も実質20m程度にすぎなかった。

そこで当初5隻予定した中で、3〜5番艦の船体構造の強度を高めたのが、同じく川崎造船所で建造されたF2型である。大正11（1922）年に3隻が竣工し、第31、第32、第33潜水艦と命名され、後に呂

大正8年春、呉港外で公試中の呂号第11潜水艦。海中1型の1番艦で、第一次世界大戦中に日本海軍が独自に設計、建造した中型潜水艦だった（Photo/USN）

号第3、第4、第5号となった。

ただし、内殻の形状改正、船体構造の強度、横舵位置の水線下移設などを行ったものの原因の解決には至らなかった。搭載機関のフ式ディーゼルは、これまでのガソリン、石油に続き、重油を使用したディーゼルを初めて搭載した今後のスタンダードになる機関として期待されたが、故障が続発し、F1型より性能が劣る結果となった。結局川崎造船所の労苦も報われることなく、F型は5隻以上建造されることはなかった。

続いて川崎造船所で建造されたのが特中型である。これは第一世界大戦中に日本海軍が初めて独自に設計した中型の潜水艦、海中1型～4型をベースに、低速力ではあるが、航続力を増大させた改造型だった。

海中4型を改良し、機関出力を半減させ航続距離を増大した特中型。海中5型とも呼ばれる。写真は2番艦の第69潜水艦で、後に呂30となる（Photo/USN）

そもそも海中型はフランスより購入したS型をベースに、日本海軍が目的とする艦隊用潜水艦を目指したもので、船体設計等は海中1型、2型を呉工廠、3型、4型を横須賀工廠が行い、佐世保工廠でも建造された。機関はズルザー式2号ディーゼルが採用されたが、航洋性を追求するため同等の機関出力で船体を大きくしたため、速力等の性能が頭打ちとなり、艦隊随伴潜水艦にはなお不足の性能となった。

これに対して特中型は、機関出力を半減させて燃料搭載を増大させて航続力を優先し、航続距離を5割増しの9000浬に伸ばした。同型艦は4隻建造され、川崎造船所がすべて建造を行い、大正12（1923）年、同13年に竣工し、第68～第70潜水艦と命名された。後の呂号第29～第32となる。

しかし2番艦の第70潜水艦の建造艤装中に悲劇が襲った。大正12年8月20日、淡路島仮屋沖で深々度潜航の試験のため出港した第70潜は、同艦艤装員長操艦により所定の公試を終了し、浮上を行った。メインタンクブローに続き、低圧排水を実施中、一部のメインタンクの排水が終わったところで艤装員長が「ハッチ開け」を命じ、艦橋昇降口、機械室及び後部兵員室の各ハッチが開かれた。

その後数名の乗員が上甲板に出たところ、突然沈み始め、開いていた各ハッチから大量の海水が入り沈没した。この事故で乗員46名が殉職したが、特に痛ましいのは同乗していた川崎造船所の技師6名、技手6名、職工30名の合計42名も艦と運命を共にして殉職してしまったことだ。原因は低圧排水ポンプの操作ミスであると思われた。

潜水艦建造一方の雄 三菱重工の参入

最初の潜水艇であるホランド型は米国、続いてフランス、イタリアから潜水艦を輸入したが、カタログ・スペックの実力はなかなか発揮できない中、比較的成功したのがイギリスから導入したL型シリーズ4タイプである。Ｌ１型からＬ４型として造られ、呂号第51から呂号第68までの18隻全てが三菱神戸造船所で建造された。

同造船所は正式には三菱重工業株式会社神戸造船所で、通称「神船（しんせん）」と呼ばれ、創業は我が国が初めて潜水艇を導入した年の明治38年7月である。大正６（１９１７）年、日本海軍の強い勧めにより、神戸造船所で潜水艦の建造を開始した三菱合資会社が、イギリス海軍のL型の優秀性に着目し、ヴィカーズ社と製造権の契約を締結した。

こうして三菱重工初の潜水艦となるＬ１型が大正９（１９２０）年に就役する。Ｌ型の建造成功により、三菱重工は川崎より14年遅れで潜水艦建造を成功させ、後に川崎と並び称される潜水艦建造の名門となっていくのである。

ドイツの技術を積極的に導入――発展期

第一次世界大戦で戦勝国の一角を占めたことにより、日本はドイツから戦利潜水艦を得た。さらにドイツの潜水艦技術者を招聘したことで、日本海軍潜水艦はドイツからの影響を強く受けて発展する。これは大型潜水艦建造へ大きな転機となり、機雷潜型、巡潜型、海大型、海中5型の39隻の建造へとつながっていく。

ドイツは第一次世界大戦において実用性の高い潜水艦を続々と建造し、高い戦果を挙げて「Ｕボート」の名を世界に轟かせた。しかし結局は戦争に敗れ、残されたＵボート１０５隻は、日英米仏伊、ベルギーに分配されることになる。

日本にもたらされた戦利潜水艦は7隻で、大正７（１９１８）に日本へ回航された。戦利潜水艦はフランスを除き、昭和12（１９３７）年までに廃棄することと定められており、自国の戦力として保有することは許されていなかった。

各種調査・実験の結果、ドイツの潜水艦は当時の日本の潜水艦に較べて極めて実用的であり、各部が堅

終戦後、横須賀で撮影されたL3型の呂58潜。太平洋戦争開戦時には老朽化しており、第一線任務には従事していなかった。L3型は中型雷装強化型として3隻が建造されている（Photo/USN）

牢であること、操船が容易であること、作動が良好であることなどが確認され、特に諸装置の釣り合いがよく、偏重することなくそれぞれが強度を維持し、全体として堅実な作りであることが分かった。

これらの調査結果が、その後の潜水艦建造に貴重なデータを残したことは言うまでもない。事実、○一と称された機雷潜水艦であるU125をコピーし、伊21型といわれた機潜型4隻が川崎造船所で建造されている。

第一次世界大戦後、フランス・シェルブールで撮影されたドイツ海軍の残存Uボート。ドイツ戦利潜水艦は調査・研究目的とされ、日本でも研究後は潜水艦救難の沈錘船や桟橋などに利用された（Photo/USN）

しかし日本海軍が最も欲していたのはドイツUボートの最新型であったU142級で、同級は完全複殻式で長大な航続力、多数の魚雷を装備する大型交通破壊戦用の潜水艦だった。そして海軍軍令部がこのU142級の図面の入手を依頼したのが、川崎造船所の松方幸次郎である。

民間人に依頼したのには理由がある。軍人を民間人に変装させても連合国の監視員にはばれてしまう。松方には潜水艦の知識もあり、かつヨーロッパでは絵画のコレクターとして知られていた。そこで表向きは絵画コレクションの蒐集、裏ではどこかにあるに違いないドイツ敗戦による処分を免れた図面の入手と、表裏の活動が始まった。この時の出張費は10万円、現在の貨幣価値であれば2億円近くになると思われる。渡欧した松方は非常な努力を払い、ゲルマニア社、ブローム・ウント・フォス社と粘り強い交渉を続け、巡潜型の図面売却を承諾させることに成功した。

こうしてドイツ潜水艦の影響を大きくうけた機雷潜型の伊21型に次いでU142級を一部改良して、巡潜1型の伊1が神戸川崎造船所で建造されることになった。またテッヘル博士以下、独技術者の協力を得て、海中型から発展して試行錯誤を繰り返してきた海大型の建造も現実のものとなっていく。

大正13（1924）4月、日本はその優秀なドイツ潜水艦を世に送り出した、ゲルマニア造船所の潜水艦設計部長で、「世界潜水艦の父」といわれたテッヘル博士を招聘、さらなる躍進の跳躍台とする。

第44潜水艦（後に伊号第51に改称）は、艦隊随伴大型潜水艦を必要とした日本海軍が試験艦的に建造した海大1型。本艦は横須賀海軍工廠で建造されたが、戦前は民間の造船所とともに、海軍工廠も潜水艦建造の中核を担っていた（Photo/USN）

テッヘル博士は第一次世界大戦後、オランダのハーグに「テッヘル設計工務所」を設立、敗戦国ドイツが潜水艦の建造を禁じられていたことで技術が埋没することを恐れ、いわば民間の工務所として外国の潜水艦設計を行っていた。この潜水艦建造の神様のような人物を日本に招聘することに成功したのである。

来日した博士を含む5人の技術者と、ドイツ潜水艦長からは、大正13（1924）年4月から大正14（1925）年4月までの約1年間にわたり、ドイツ潜水艦のさまざまな技術指導を受けることができた。これもすべて松方幸次郎の賜物といってよく、民間最大の功労者とされる所以でもある。

これに対して三菱重工は、この時期L型すなわちイギリス系の潜水艦の建造に邁進しており、特にドイツ・ゲルマニア社からの技術導入の流れとは異なった路線を進んでいる。L型の建造後に建造した潜水艦は昭和4（1929）年竣工の海大4型だが、機関こそドイツ式であったが船体等は国産で設計されていた。

ワシントン条約が与えた影響

日露戦争後、日本はアメリカを最大の仮想敵国と見なしていた。米国に対する基本方針として構想していたのは、西太平洋に米艦隊をおびき出し、最終的に我が戦艦・巡洋艦部隊で一気に雌雄を決するという作戦だ。当時、米艦隊がハワイから日本へ来攻する経路は、アリューシャンを経由する「大圏航路」、オーストラリアから東南アジアを経由する「南方経路」、直接西太平洋に向かう「中央航路」が想定されていた。その中でも米国は最も効率のよいとされる中央航路、すなわち南洋委任統治諸島を島伝いに攻撃して西へ攻めてくると予測していたのである。

一方の米海軍も、日米開戦の30年も前から日本と同様のルートを構想しており、期せずして日米両国は同様の戦術を描いていた。日本海軍は日本海海戦の勝利を米艦隊相手に再現すべく、未曾有の「八八艦隊計画」に着手する。

しかしこの遠大な建艦計画を実現するには国力の限界が明らかであり、大正11（1922）年、日米英仏伊の戦勝5ヵ国によるワシントン海軍軍縮条約が締結された。これにより日本の主力艦兵力は対米6割に抑えられ、日本海海戦のような艦隊決戦では極めて不利な状況に陥ると考えられた。

この不利を覆すために立案されたのが、主力艦同士の艦隊決戦前に、補助兵力部隊によって1隻でも米主力艦を減しておくという「漸減作戦」である。本作戦で大きな役割を担うとされたのが潜水艦であった。

漸減作戦において、潜水艦には大きく二つ任務が想定されていた。一つは敵の湾口に長駆進出した後、米艦隊の出動を監視し、可能な限りこれを追尾して機会あれば襲撃すること、もう一つは艦隊に随伴し、艦隊決戦の支援をすることである。

そこで、前者の任務を遂行する後続距離を重視した巡潜型（巡洋潜水艦）、後者の任務を担任する水上速力を重視した海大型（海軍大型潜水艦）の建造が開始される。あわせて機雷を敷設する能力を有する機雷潜型潜水艦が加わり、日本の大型潜水艦は3タイプが整備されていく。これにより、ワシントン条約下で構想された漸減作戦における艦隊決戦支援を潜水艦に託せる目途が立ったのである。

巡潜1型の伊3潜。巡潜型は長大な航続距離を活かし、北方から南方まで広範囲に多用された（Photo/USN）

昭和4年、三菱神戸造船所で海大4型が竣工する。それまでの海大1型、2型、3型a、3型bは呉、佐世保、横須賀工廠で建造されており、4型において始めて民間造船所で建造された。4型はズルザー式3号ディーゼルの不調に悩まされたため、ラウシェンパッハ式2号ディーゼルを採用している。同型艦は3隻だが、三菱神戸では伊61潜、伊62潜の2隻を建造した。

ロンドン条約下での発展

巡潜1型4隻、1型改の伊5潜が川崎重工で竣工した後の昭和5（1930）年、ロンドン海軍軍縮会議が開催され、漸減作戦の重要な戦力と目されていた巡洋艦以下、潜水艦も含む補助艦艇も制限を受けることになる。これにより、かねてより軍備と演習を重ねてきた対米国艦隊への漸減作戦を根本から見直さなくてはならなくなった。

潜水艦は保有制限が加えられ、全体の保有トン数が5万2700トンに抑えられた結果、保有可能な隻数は約30隻程度となった。これは、当初考えられていた漸減作戦における必要隻数の約半分であった。当然の帰結として、量を質で補うしかなく、ロンドン条約下の潜水艦には、限られた枠の中で質の向上が強く求められた。

具体的には、巡潜型は索敵範囲を拡大すべく、飛行機の搭載が計画された。潜水艦に搭載した飛行機の運用は、各国の潜水艦も試行錯誤を繰り返したが、結局戦力化まで至らず断念している。日本海軍は粘り強く研究開発を進め、特に困難であった小型で頑丈な水偵を開発することに成功したこともあり、他国に比べ順調に発展するに至る。

潜水艦が飛行偵察を可能とすれば、飛躍的にその偵察能力は向上する。さらに通信機能を充実させた旗艦型潜水艦の計画も早急な着手が求められた。海大型にはより高速を発揮できる潜水艦の開発と、航続距離延長が図られる。その結果生まれたのが、巡潜2型であり、海大6型である。

初めて飛行機を搭載した潜水艦は巡潜1型の伊5であるが、その先例を踏まえ、新造時から飛行機を搭載する設備を有し、国産のディーゼル機関を装備した巡潜2型は、まだドイツのゲルマニア型の影響は残ってはいるものの、純日本式巡潜型といえる。

三菱神戸造船所で建造されたのは海大5型の3番艦伊67潜で、昭和7（1932）年に竣工している。5型は不具合の対応を済ませたズルザー式機関を再度、採用している。

これまでの実績を活かし、巡潜2型は川崎造船所で建造された。本艦の特長は航空機運用にあるが、機

海大6型aの伊68潜。後に伊168線へと改称される。同型艦の伊169潜、伊17潜とアッツ・キスカ島への補給任務に就いた（Photo/USN）

関に日本海軍が独自に開発した軽量、大出力の艦本式1号甲7型複動ディーゼルを採用した点にある。一方海大型は、6型でついに国産の機関を搭載した。これは明治38年以来、長年の悲願で、ここに船体、機関ともに国産化が実現した。

艦政本部が開発した軽量大出力の艦本式1号甲8型ディーゼルを搭載した海大6型は、水上速力23ノットを発揮、日本は着々と高性能の潜水艦を建造していった。川崎造船所は海大6型aの2隻（伊号第71潜、第73潜）を建造する。

こうした新型潜水艦の建造とともに、昭和8（1933）年度の特別大演習では、南洋方面において徹底的に潜水艦戦術の訓練、研究がなされている。特に潜水戦隊を単位とする敵港湾監視哨戒、追躡・触接、艦隊戦における潜水戦隊の使用が非常に詳しく研究され、この任務を遂行するには3個潜水戦隊が必要とされた。1個潜水戦隊は、旗艦に指揮された3隻編成の3個潜水隊で編成する。

潜水戦隊の旗艦設備を有していた巡潜3型の伊8潜。5隻の遣独潜水艦のうち、唯一往還に成功した潜水艦としても知られる（写真提供／勝目純也）

そのためには旗艦能力の向上が必要不可欠とされたが、水上艦では容易に敵空母機の前に無防備となって危険である。そこで、潜水艦に旗艦能力を付与することが必要とされた。

巡潜3型はこうした要求に応じて旗艦機能を強化、川崎重工は2番艦の伊8潜を昭和13（1938）年に竣工させている。このように、日本の潜水艦は艦隊決戦の重要な戦力として、毎年のように演習・研究を行い、戦備を整えていった。

制限なき建艦競争の果て――無条約期

昭和9（1934）1月、日本はワシントン、ロンドン条約は国防上極めて不利であると判断し、条約の破棄を通告する。これにより日本海軍は昭和13年から無条約時代に突入することになった。軍縮条約の制限から解放された日本海軍は、独自の潜水艦を建造するに至る。それが太平洋戦争で主力を形成した甲型、乙型、丙型、丁型、海大7型、中型、小型、潜補、潜特、潜高、潜輸小、潜高小の計130隻である。この無条約期は、戦局不利に陥った末の潜水艦建造の混迷とともに終戦まで続く。

無条約時代に入っても、潜水艦の作戦方針は、漸減作戦下における艦隊決戦の支援であった。日本の潜水艦は巡潜型、海大型と建造が進められてきたが、国産の優れた艦本式ディーゼル機関によって、速度の早い巡潜型、航続距離の長い海大型の建造が可能となり、両型の違いがなくなりつつあった。

先述のように、演習や戦訓研究の結果、潜水艦には潜水戦隊を指揮する旗艦機能、偵察能力を飛躍的に向上させる飛行機搭載機能、敵主力艦への高速、遠距離での雷撃を可能とする雷撃機能強化が求められるようになった。その結果、海大型に較べて整備が進んでいなかった巡潜型潜水艦を発展させ、旗艦能力と

インド洋交通破壊戦のためペナンを出撃する巡潜甲型の伊10潜。同艦はインド洋の交通破壊戦に活躍し、多数の船舶を撃沈している（写真提供／勝目純也）

飛行機搭載能力を有した巡潜甲型、甲型から旗艦設備が除かれた巡潜乙型、魚雷発射管8門を有する雷撃強化型の巡潜丙型を整備する計画に変更された。結果的にこれらの潜水艦が太平戦争における日本海軍の主力潜水艦となる。

昭和12（1937）年には海中5型の2番艦、呂34潜が三菱神戸で建造されている。同型は海中4型より12年ぶりの呂号潜水艦である。日本海軍は潜水艦に対して、艦隊決戦の補助兵器として艦隊随伴可能な大型潜水艦の建造に傾注したため、呂号潜水艦の開発が出遅れていた。本型も2隻の建造のみで量産されていない。

また潜水艦技術の独立を果たした海大6型ａの5番艦、伊72潜が三菱神戸、6番艦、伊73潜が川崎重工で建造されている。続く海大6型ｂの2番艦、伊75潜が三菱重工神戸で建造され、昭和13年に竣工している。

日本海軍の潜水艦戦力はますます充実していったが、川崎造船所は経営の多角化に伴い、昭和14（1939）年12月1日に社名を川崎重工株式会社と変更した。同年9月には、ヨーロッパで第二次世界大戦が勃発している。ところがこの年の海軍小演習、昭和15（1940）年度の特別大演習、昭和16（1941）年度の長期特別行動で、これまで長年にわたって研究、練成してきた潜水艦戦術に対し、疑問と不安が生じてきた。

この訓練の成果及び所見では、昭和14年度の小演習と同様、敵港湾を監視する困難さ、長期行動における追躡・触接の困難さが記されている。警戒厳重な水上艦隊に対する潜水艦の攻撃は効果が低く、犠牲が多いということが実証された。一方、昭和15年度の特別大演習では、日本近海においてではあるが、交通破壊戦訓練で多くの商船を捕捉できた。ここから導き出されるのは、大型潜水艦の任務は敵要地の監視と交通破壊戦に変更すべきであるということであり、その結論が軍令部で考慮されたと考えられる。

その証左として、対米戦必至とにらみ、前倒して計画された⑤計画では、敵主力艦隊を襲撃する潜水艦より、長距離哨戒・交通破壊戦任務に適した甲型、乙型、丙型の巡潜型や、中型の潜水艦が計画されている。日本海軍の潜水艦戦備は、開戦直前に漸減作戦の補助兵力から、遠距離哨戒交通破壊戦への転換を図っていたといえる。

しかし、具体的な戦術の見直しや戦備が整う前に太平洋戦争に突入したため、従来通り艦隊決戦の補助兵器としたままで対米戦に臨まなくてはならなかった。ここに、後の潜水艦作戦不振の萌芽が内在していたといえよう。

混乱する戦時下の潜水艦建造

昭和17（1942）年度計画で、潜水艦は実に139隻も増加要求され、トータルの予定建造隻数は260隻にも上った。さらにミッドウェー作戦の戦訓から、陸戦隊揚陸用潜水艦、丁型11隻が追加要求になるなど、大幅な潜水艦増強計画が立案された。また艦本型2号10型ディーゼルは、高馬力ではあるが複雑な構造によって建造や整備に日数が費されるため、比較的製造が容易な艦本式22号へ変更するなど、戦

海大7型の1番艦、伊176潜。本艦は海大型の完成形で、以降10隻が建造されている（Photo/USN）

時急増艦が続々と計画・建造されていった。

実際に竣工した伊号潜水艦では、巡潜甲型、乙型、丙型の改型、丁型、海大7型、潜特型、呂号潜水艦では中型、小型が該当する。

日本海軍の完成形となった巡潜型は旗艦機能と航空機搭載の「甲型」、航空機搭載の「乙型」、雷装強化の「丙型」が建造された。

甲型の1番艦は従来通り、呉工廠で建造されたが、2番艦、伊10潜、3番艦伊11潜が川崎重工で建造された。川崎重工に社名を変更して建造した最初の潜水艦である。続く甲型改1の伊12潜が昭和19（1944）年、甲型改2の伊13潜、伊14潜が昭和20年に竣工している。

甲型改2は、水上攻撃機「晴嵐」搭載型で、3番艦、伊15潜（2代目）、4番艦伊1潜（2代目）が進水式まで同社、泉州工場で建造されたが、終戦により未完成に終わっている。ここまでで、巡潜型の旗艦設備を持つタイプは川崎重工が担った。

航空機を搭載できる乙型の建造では海軍工廠が建造の中心となっており、同型艦は改型を含めると29隻に対して、川崎重工は伊21潜の1隻、三菱重工は伊25潜、伊28潜、2度の事故沈没で知られる伊33潜、伊35潜の4隻にとどまっている。乙型改1、改2、丙型改はすべて海軍工廠が建造した。

丙型も同様で、川崎重工は伊22潜、三菱重工は伊20潜のみである。同じく開戦後に竣工した海大7型は、同型艦10隻の中で川崎重工が伊177潜、伊179潜、伊183潜の3隻で、三菱重工は伊178潜のみである。

輸送用潜水艦となり離島への補給や回天作戦で地味ではあるが活躍した丁型に関しては、民間では三菱重工のみが建造しており、同型艦12隻のうち、半数の6隻を建造している。

伊400型として知られる当時世界最大の潜水艦であった潜特型では、1番艦が呉工廠、2・3番艦が佐世保工廠、未完成の4番艦が再び呉工廠、5番艦が川崎重工泉州工場で建造中に終戦となった。

しかし限られた時間と資源の中で、建造計画は試行錯誤を繰り返す。開戦前に力を注いだ、甲型、乙型、丙型、特型、潜補型については、昭和18（1943）年度起工分で建造が打ち切られた。代わって戊型92隻、中型93隻に加え、丁型12隻を加える計画に改められた。

戦時建造艦の呂号潜水艦のうち、中型と称する呂35型は三菱重工、小型と称した呂100型は川崎重工が主に建造した。それぞれ18隻の同型艦が建造されたが、中型では三菱重工が10隻、小型では川崎重工が14隻建造している。

波号潜水艦の潜輸小型は、戦争末期に離島輸送任務で使用されたのみではあるが、川崎重工は5隻、三菱重工も5隻建造している。

伊400型として知られる潜特型の3番艦、伊402。当時世界最大の潜水艦だったが、出撃の機会を得ず終戦を迎え、戦後は米軍により海没処分とされた（Photo/USN）

中型潜水艦の12番艦呂46潜。不足する伊号潜を補う目的で計画当初は79隻もの量産が計画された。艦隊では実戦向きで諸性能が極めて良好と信頼を寄せられた（Photo/USN）

大型潜水艦を求めるあまり中型潜水艦の整備は後手に回ったが、小型潜水艦18隻は、中型潜水艦とともに伊号潜水艦の不足をよく補った。しかし性能以上の酷使の結果、1隻を残して全滅している（Photo/USN）

戊型は開戦以来の戦訓を取り入れた、中型の潜水艦で、大量に戦線に投入する予定であったが、結局計画のみで終わっている。

結局、大量建造計画は遅々として進まず、結果的に昭和16（1941）年から終戦までの約4ヵ年半に129隻が完成したのみにとどまった。しかし、それでも日本海軍全潜水艦の約55％は太平洋戦争中に完成したことになる。

大戦末期の潜水艦戦の実相

日本海軍の潜水艦による開戦から昭和19年3月までの敵船舶撃沈数は180隻である（艦船名が日米で明確になっている隻数のみ）。これに対し、我が方の潜水艦の損害は57隻の沈没を数える。

しかし、昭和19年4月から状況は一変、終戦までの16ヵ月で戦果はわずかに9隻、それに対し、我が方の潜水艦の損害は実に66隻にもなる。つまり、昭和19年3月までは1隻の敵艦船を沈めるために0・3隻の潜水艦を犠牲にしていたが、4月以降は1隻沈めるために7隻以上の犠牲が必要ということになる。

さらに昭和19年4月以降の戦果9隻の内訳を見ると、戦闘艦艇はわずか4隻、うち1隻が有名な巡洋艦「インディアナポリス」だが、ほか3隻は駆逐艦だけだった。

これに対し、米海軍潜水艦は昭和19年には圧倒的な戦果を挙げている。大戦末期の活躍ぶりであまり知られていないが、実は昭和18年まで、米潜水艦は日本の主力艦を1隻も撃沈していなかった。それが昭和19年には戦艦1隻、空母7隻、重巡2隻、軽巡7隻、駆逐艦30隻、潜水艦7隻を撃沈したのである。

日本海軍は昭和19年に訪れた破滅的な敵潜水艦による損害に対し、なんとか打開作を見つけることが最優先と考え、前述の建造計画はさらなる混乱に陥っていった。戦争最末期、もはや潜水艦作戦が全く立ち行かなくなる中、潜特型と潜高型が建造されたが、戦局の挽回には至らなかった。潜高型は完成が3隻、未完成が5隻で終戦を迎えており、いずれもすべて呉海軍工廠で建造されていた。

終戦を迎え、最終的に第6艦隊、連合艦隊付属、呉鎮守府部隊、予備艦などとして残った潜水艦は61隻だった。残存した潜水艦も、伊400潜、伊401潜、伊14潜が米軍に接収された以外は次々と爆破、

昭和21年、海没処分のため最後の航海に出港する伊156潜。海大1型、2型の試験艦を経て、実用化された初の艦隊随伴用高速潜水艦海大3型bで、太平洋戦争時には老朽化で第一線を退いていたため戦争を生き延びた（Photo/USN）

海没処分され、昭和21（1946）年春までに日本からすべての潜水艦が姿を消した。日本はこの後10年という潜水艦の断絶を迎えるのである。

しかし戦後の海上自衛隊の潜水艦として国産潜水艦が竣工したのは、終戦後わずか15年である。短い期間で国産化が復活できたのは、多くの日本海軍潜水艦の発達を支えてきた川崎重工、三菱重工の技術力の賜物であった。

終戦後、米軍の命により長崎五島沖で自沈処分を待つ伊53。乗員が最後の記念にと艦内に備蓄していた米と引き換えに写真館に撮影してもらった写真。日本海軍の潜水艦はほぼ全滅といってよい状況で終戦を迎えた（写真提供／勝目純也）

巻末資料

海上自衛隊
潜水艦オールカタログ

――限界に挑み続けた静かなる名艦たち

「くろしお」

DATA

基準排水量:1,525t/水中排水量:2,452t/全長:95.0m/最大幅:8.3m/深さ:7.0m/吃水:4.6m/主機:ディーゼル4基2軸/出力:水上5,400馬力/水中2,740馬力/速力:水中10ノット/水上21ノット/兵装:127㎜単装砲1基 12.7㎜単装機銃2基 533㎜魚雷発射管10門/乗員:85名

「くろしお」SS501(写真/勝目純也)

「くろしお」SS501

くろしおSS501	昭和18年2月12日米海軍潜水艦として竣工	昭和30年8月15日米海軍より貸与	昭和45年8月15日除籍

「おやしお」

DATA

基準排水量:1,100t/水中排水量:1,400t/全長:79.0m/最大幅:7.0m/深さ:5.9m/吃水:4.6m/主機:ディーゼル2基2軸/出力:水中5,900馬力 水上2,700馬力/速力:水中19ノット 水上13ノット/兵装:533㎜魚雷発射管4門/乗員:65名

「おやしお」SS511(写真/海上自衛隊)

「おやしお」SS511

おやしおSS511	昭和31年度計画	川崎重工神戸工場	昭和35年6月30日竣工	昭和51年9月30日除籍

「はやしお」型

DATA

基準排水量:750t/水中排水量:930t/全長:59.0m/最大幅:6.5m/深さ:6.4m/吃水:4.1m/主機:ディーゼル2基2軸/出力:水中2,300馬力/水上900馬力/速力:水中14ノット/水上11ノット/兵装:533㎜魚雷発射管3門/乗員:40名

「わかしお」SS522(写真/海上自衛隊)

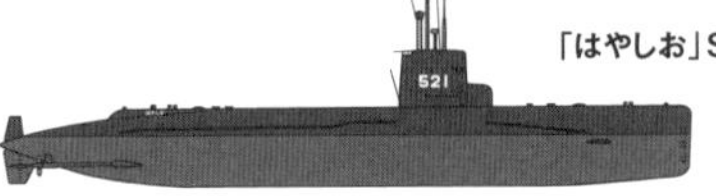

「はやしお」SS521

「はやしお」SS521	昭和34年度計画	新三菱重工神戸造船所	昭和37年6月30日竣工	昭和52年7月25日除籍
「わかしお」SS522	昭和34年度計画	川崎重工神戸工場	昭和37年8月17日竣工	昭和54年3月23日除籍

「なつしお」型

DATA

基準排水量:790t/水中排水量:1,000t/全長:61.0m/最大幅:6.5m/深さ:6.4m/吃水:4.1m/主機:ディーゼル2基2軸/出力:水中2,300馬力/水上900馬力/速力:水中15ノット/水上11ノット/兵装:533㎜魚雷発射管3門/乗員:40名

「なつしお」SS523(写真/勝目純也)

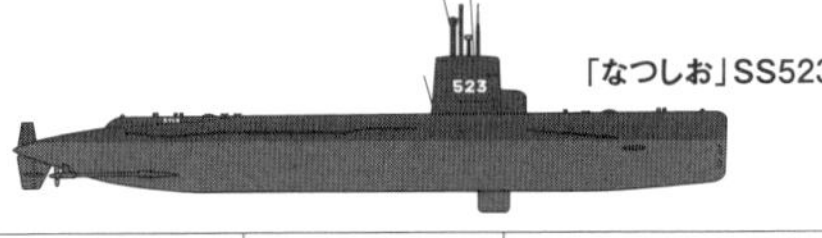

「なつしお」SS523

「なつしお」SS523	昭和35年度計画	新三菱重工神戸造船所	昭和38年6月29日竣工	昭和53年3月20日除籍
「ふゆしお」SS524	昭和35年度計画	川崎重工神戸工場	昭和38年9月17日竣工	昭和55年6月10日除籍

「おおしお」

DATA

基準排水量:1,600t／水中排水量:2,200t／全長:88.0m／最大幅:8.2m／深さ:7.5m／吃水:4.7m／主機:ディーゼル2基2軸／出力:水中6,300馬力／水上2,900馬力／速力:水中18ノット／水上14ノット／兵装:533㎜魚雷発射管6門 同短魚雷発射管2門／乗員:80名

「おおしお」SS561（写真／勝目純也）

「おおしお」SS561

「おおしお」SS561	昭和36年度計画	三菱重工神戸造船所	昭和40年3月31日竣工	昭和56年8月20日除籍

「あさしお」型

DATA

基準排水量:1,650t／水中排水量:2,250t／全長:88.0m／最大幅:8.2m／深さ:7.5m／吃水:4.9m／主機:ディーゼル2基2軸／出力:水中6,300馬力／水上2,900馬力／速力:水中18ノット／水上14ノット／兵装:533㎜魚雷発射管6門 同短魚雷発射管2門／乗員:80名

「あさしお」SS562（写真／海上自衛隊）

「あさしお」SS562

「あさしお」SS562	昭和38年度計画	川崎重工神戸工場	昭和41年10月31日竣工	昭和58年3月30日除籍
「はるしお」SS563	昭和39年度計画	三菱重工神戸造船所	昭和42年12月1日竣工	昭和59年3月30日除籍
「みちしお」SS564	昭和40年度計画	川崎重工神戸工場	昭和43年8月29日竣工	昭和60年3月27日除籍
「あらしお」SS565	昭和41年度計画	三菱重工神戸造船所	昭和44年7月25日竣工	昭和61年3月27日除籍

「うずしお」型

DATA

基準排水量:1,850t／水中排水量:2,400t／全長:72.0m／最大幅:9.9m／深さ:10.1m／吃水:7.5m／主機:ディーゼル2基1軸／出力:水中7,200馬力 水上3,400馬力／速力:水中20ノット　水上12ノット／兵装:533㎜魚雷発射管6門／乗員:80名

「やえしお」SS572（写真／海上自衛隊）

「うずしお」SS566

「うずしお」SS566	昭和42年度計画	川崎重工神戸工場	昭和46年1月21日竣工	昭和62年3月11日除籍	
「まきしお」SS567	昭和43年度計画	三菱重工神戸造船所	昭和47年2月2日竣工	昭和63年3月11日除籍	
「いそしお」SS568	昭和44年度計画	川崎重工神戸工場	昭和47年11月25日竣工	平成元年3月24日特務艦ATSS8001に種別変更	平成4年3月25日除籍
「なるしお」SS569	昭和45年度計画	三菱重工神戸造船所	昭和48年9月28日竣工	平成2年6月8日特務艦ATSS8002に種別変更	平成5年3月15日除籍
「くろしお」SS570	昭和46年度計画	川崎重工神戸工場	昭和49年11月27日竣工	平成3年3月20日特務艦ATSS8003に種別変更	平成6年3月1日除籍
「たかしお」SS571	昭和47年度計画	三菱重工神戸造船所	昭和51年1月30日竣工	平成4年7月6日特務艦ATSS8004に種別変更	平成7年7月26日除籍
「やえしお」SS572	昭和48年度計画	川崎重工神戸工場	昭和53年3月7日竣工	平成6年8月14日特務艦ATSS8005に種別変更	平成8年8月1日除籍

「ゆうしお」型

DATA

基準排水量:2,200t（「なだしお」以降2,250t）／水中排水量:2,900t／全長:76.0m／最大幅:9.9m／深さ:10.2m／吃水:7.4m／主機:ディーゼル2基1軸／出力:水中7,200馬力　水上3,400馬力／速力:水中20ノット　水上12ノット／兵装:533㎜魚雷発射管6門／乗員:75名

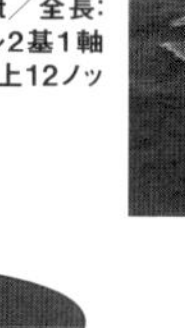

（写真／花井健朗）

「ゆうしお」SS573

「ゆうしお」SS573	昭和50年度計画	三菱重工神戸造船所	昭和55年2月26日竣工	平成8年8月1日特務艦ATSS8006に種別変更	平成11年3月11日除籍	
「もちしお」SS574	昭和52年度計画	川崎重工神戸工場	昭和56年3月5日竣工	平成9年8月1日特務艦ATSS8007に種別変更	平成12年3月10日除籍	
「せとしお」SS575	昭和53年度計画	三菱重工神戸造船所	昭和57年3月17日竣工	平成11年3月10日特務艦ATSS8008に種別変更	平成12年3月9日練習潜水艦TSS 3602に種別変更	平成13年3月30日除籍
「おきしお」SS576	昭和54年度計画	川崎重工神戸工場	昭和58年3月1日竣工	平成13年3月29日練習潜水艦TSS3603に種別変更	平成15年3月4日除籍	
「なだしお」SS577	昭和55年度計画	三菱重工神戸造船所	昭和59年3月6日竣工	平成13年6月1日除籍		
「はましお」SS578	昭和56年度計画	川崎重工神戸工場	昭和60年3月5日竣工	平成15年3月4日練習潜水艦TSS3604に種別変更	平成18年3月9日除籍	
「あきしお」SS579	昭和57年度計画	三菱重工神戸造船所	昭和61年3月5日竣工	平成16年3月3日除籍	平成19年4月5日海上自衛隊呉史料館に展示	
「たけしお」SS580	昭和58年度計画	川崎重工神戸工場	昭和62年3月3日竣工	平成17年3月9日除籍		
「ゆきしお」SS581	昭和59年度計画	三菱重工神戸造船所	昭和63年3月11日竣工	平成18年3月9日練習潜水艦TSS3605に種別変更	平成19年3月7日除籍	
「さちしお」SS582	昭和60年度計画	川崎重工神戸工場	平成元年3月24日竣工	平成18年4月14日除籍		

「はるしお」型

DATA

基準排水量:2,450t（改修後の「あさしお」2,900t）／水中排水量:3,200t（改修後の「あさしお」3,700t）／全長:77.0m（改修後の「あさしお」87.0m）／最大幅:10.0m／深さ:10.5m／吃水:7.7m／主機:ディーゼル2基1軸（改修後の「あさしお」スターリング発電機4基）／出力:水中7,200馬力／水上3,400馬力／速力:水中20ノット／水上12ノット／兵装:533㎜魚雷発射管6門／乗員:75名（改修後の「あさしお」71名）

（写真／花井健朗）

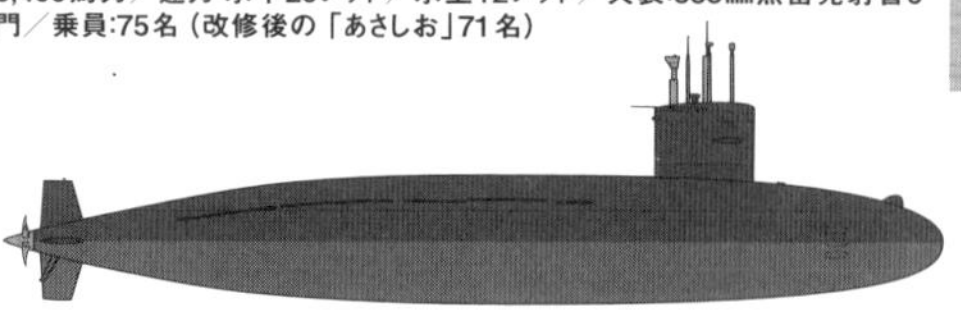

「はるしお」SS583

「はるしお」SS583	昭和61年度計画	三菱重工神戸造船所	平成2年11月30日竣工	平成21年3月27日除籍		
「なつしお」SS584	昭和62年度計画	川崎重工神戸工場	平成3年3月20日竣工	平成22年3月26日除籍		
「はやしお」SS585	昭和62年度計画	三菱重工神戸造船所	平成4年3月25日竣工	平成20年3月7日練習潜水艦TSS3606に種別変更	平成23年3月15日除籍	
「あらしお」SS586	平成元年度計画	川崎重工神戸工場	平成5年3月17日竣工	平成24年3月19日除籍		
「わかしお」SS587	平成2年度計画	三菱重工神戸造船所	平成6年3月1日竣工	平成25年3月5日除籍		
「ふゆしお」SS588	平成3年度計画	川崎重工神戸工場	平成7年3月7日竣工	平成23年3月16日練習潜水艦TSS3607に種別変更		
「あさしお」SS589	平成4年度計画	三菱重工神戸造船所	平成9年3月12日竣工	平成23年3月16日練習潜水艦TSS3607に種別変更	平成27年3月6日除籍	
				平成12年3月9日練習潜水艦TSS3601に種別変更	平成12年11月～平成13年11月AIPシステム搭載改良工事実施	平成29年2月27日除籍

「おやしお」型

DATA

基準排水量:2,750t／水中排水量:3,500t／全長:82.0m／最大幅:8.9m／深さ:10.3m／吃水:7.4m／主機:ディーゼル2基1軸／出力:水中7,700馬力／水上3,400馬力／速力:水中20ノット／水上12ノット／兵装:533㎜魚雷発射管6門／乗員:70名

(写真／花井健朗)

「おやしお」SS590

「おやしお」SS590	平成5年度計画	川崎重工神戸工場	平成10年3月16日竣工	平成27年3月6日練習潜水艦TSS3608に種別変更	令和5年3月17日除籍
「みちしお」SS591	平成6年度計画	三菱重工神戸造船所	平成11年3月10日竣工	平成29年2月27日練習潜水艦TSS3609に種別変更	潜水艦隊 第1練習潜水隊(呉)
「うずしお」SS592	平成7年度計画	川崎重工神戸工場	平成12年3月9日竣工	潜水艦隊 第2潜水隊群 第2潜水隊(横須賀)	
「いそしお」SS594	平成9年度計画	川崎重工神戸工場	平成14年3月14日竣工	令和5年3月17日練習潜水艦TSS3610に種別変更	潜水艦隊 第1練習潜水隊(呉)
「なるしお」SS595	平成10年度計画	三菱重工神戸造船所	平成15年3月3日竣工	潜水艦隊 第2潜水隊群 第2潜水隊(横須賀)	
「くろしお」SS596	平成11年度計画	川崎重工神戸工場	平成16年3月8日竣工	潜水艦隊 第1潜水隊群 第5潜水隊(呉)	
「たかしお」SS597	平成12年度計画	三菱重工神戸造船所	平成17年3月9日竣工	潜水艦隊 第2潜水隊群 第2潜水隊(横須賀)	
「やえしお」SS598	平成13年度計画	川崎重工神戸工場	平成18年3月9日竣工	潜水艦隊 第2潜水隊群 第4潜水隊(横須賀)	
「せとしお」SS599	平成14年度計画	三菱重工神戸造船所	平成19年2月28日竣工	潜水艦隊 第2潜水隊群 第4潜水隊(横須賀)	
「もちしお」SS600	平成15年度計画	川崎重工神戸工場	平成20年3月6日竣工	潜水艦隊 第1潜水隊群 第3潜水隊(呉)	

「そうりゅう」型

DATA

基準排水量:2,950t／水中排水量:4,200t／全長:84.0m／最大幅:9.1m／深さ:10.3m／吃水:8.5m／主機:ディーゼル2基・スターリング発電機4基（11番艦以降ディーゼル2基・リチウムイオン電池搭載）1軸／出力:水中8,000馬力（11番艦以降5,600馬力）／水上3,900馬力／速力:水中20ノット（11番艦以降18ノット）／水上13ノット／兵装:533㎜魚雷発射管6門／乗員:65名

(写真／花井健朗)

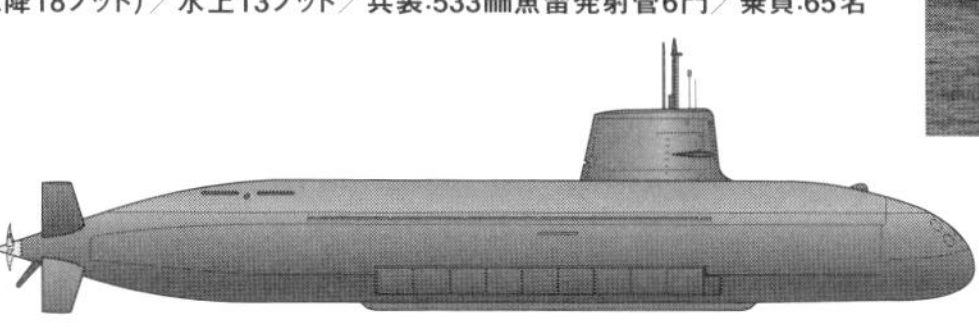

「そうりゅう」SS501

「そうりゅう」SS501	平成16年度計画	三菱重工神戸造船所	平成21年3月20日竣工	潜水艦隊 第1潜水隊群 第5潜水隊(呉)
「うんりゅう」SS502	平成17年度計画	川崎重工神戸工場	平成22年3月25日竣工	潜水艦隊 第1潜水隊群 第5潜水隊(呉)
「はくりゅう」SS503	平成18年度計画	三菱重工神戸造船所	平成23年3月14日竣工	潜水艦隊 第1潜水隊群 第5潜水隊(呉)
「けんりゅう」SS504	平成19年度計画	川崎重工神戸工場	平成24年3月16日竣工	潜水艦隊 第1潜水隊群 第3潜水隊(呉)
「ずいりゅう」SS505	平成20年度計画	三菱重工神戸造船所	平成25年3月6日竣工	潜水艦隊 第2潜水隊群 第4潜水隊(横須賀)
「こくりゅう」SS506	平成22年度計画	川崎重工神戸工場	平成27年3月9日竣工	潜水艦隊 第2潜水隊群 第6潜水隊(横須賀)
「じんりゅう」SS507	平成23年度計画	三菱重工神戸造船所	平成28年3月7日竣工	潜水艦隊 第1潜水隊群 第1潜水隊(呉)
「せきりゅう」SS508	平成24年度計画	川崎重工神戸工場	平成29年3月13日竣工	潜水艦隊 第1潜水隊群 第5潜水隊(呉)
「せいりゅう」SS509	平成25年度計画	三菱重工神戸造船所	平成30年3月12日竣工	潜水艦隊 第2潜水隊群 第6潜水隊(横須賀)
「しょうりゅう」SS510	平成26年度計画	川崎重工神戸工場	平成31年3月18日竣工	潜水艦隊 第1潜水隊群 第1潜水隊(呉)
「おうりゅう」SS511	平成27年度計画	三菱重工神戸造船所	令和2年3月5日竣工	潜水艦隊 第1潜水隊群 第3潜水隊(呉)
「とうりゅう」SS512	平成28年度計画	川崎重工神戸工場	令和3年3月24日竣工	潜水艦隊 第2潜水隊群 第4潜水隊(横須賀)

「たいげい」型

DATA

基準排水量:3,000t／水中排水量:4,300t／全長:84.0m／最大幅:9.1m／深さ:10.4m／吃水:8.5m／主機:ディーゼル2基1軸／出力:水中6,000馬力／速力:水中約20ノット／兵装:533㎜魚雷発射管6門／乗員:70名

(写真／花井健朗)

「たいげい」SS513	平成29年度計画	三菱重工神戸造船所	令和4年3月9日竣工	潜水艦隊 第2潜水隊群 第4潜水隊(横須賀)
「はくげい」SS514	平成30年度計画	川崎重工神戸工場	令和5年3月20日竣工	潜水艦隊 第1潜水隊群 第1潜水隊(呉)
「じんげい」SS515	令和元年度計画	三菱重工神戸造船所	令和6年3月竣工予定	
「らいげい」SS516	令和2年度計画	川崎重工神戸工場	令和7年3月竣工予定	
8132号艦	令和3年度計画	三菱重工神戸造船所	令和8年3月竣工予定	
8133号艦	令和4年度計画	川崎重工神戸工場	令和9年3月竣工予定	

潜水艦救難艦「ちはや」

DATA

基準排水量:1,340トン／全長:73.0m／最大幅:12.0m ／主機:ディーゼル1基1軸／出力2,700馬力／速力:15ノット／乗員:90名

(写真／海上自衛隊)

「ちはや」ASR401	昭和34年度計画	三菱日本重工横浜造船所	昭和36年3月1日竣工	平成元年2月28日除籍

潜水艦救難艦「ふしみ」

DATA

基準排水量:1,430トン／全長:76.0m／最大幅:12.5m ／主機:ディーゼル2基1軸／出力:3,000馬力／速力:16ノット／乗員:100名

(写真／海上自衛隊)

「ふしみ」ASR402	昭和46年度計画	住友重機械工業浦賀工場	昭和45年2月10日竣工	平成12年3月24日除籍

潜水艦救難母艦「ちよだ」

DATA

基準排水量:3,650トン／全長:113.0m／最大幅:17.6m ／主機:ディーゼル2基2軸／出力:11,500馬力／速力:17ノット／乗員:120名

（写真／海上自衛隊）

「ちよだ」AS405	昭和56年度計画	三井造船玉野事業所	昭和60年3月27日竣工	第2潜水隊群直轄(横須賀)

潜水艦救難艦「ちはや」

DATA

基準排水量:5,450トン／全長:128.0m／最大幅:20.0m／主機:ディーゼル2基2軸／出力:19,500馬力／速力:21ノット／乗員:125名

（写真／花井健朗）

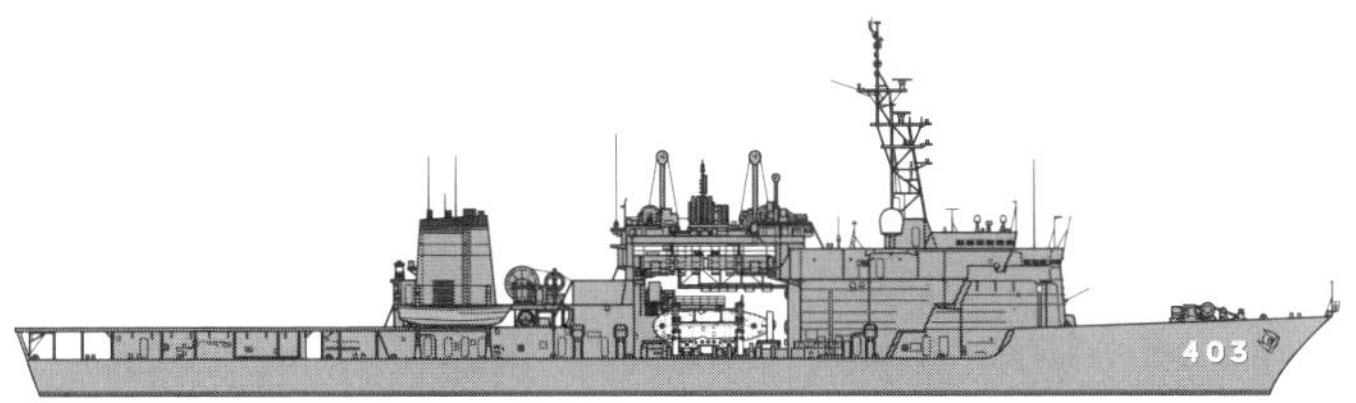

「ちはや」ASR403	平成8年度計画	三井造船玉野事業所	平成12年3月23日竣工	第1潜水隊群直轄(呉)

潜水艦救難艦「ちよだ」

DATA

基準排水量:5,600トン／全長:128.0m／最大幅20.0m／主機:ディーゼル2基2軸／出力:19,500馬力／速力:20ノット／乗員:約130名

（写真／Jシップス編集部）

「ちよだ」ASR404	平成26年度計画	三井造船玉野事業所	平成30.3.20竣工	潜水艦隊 第2潜水隊群(横須賀)

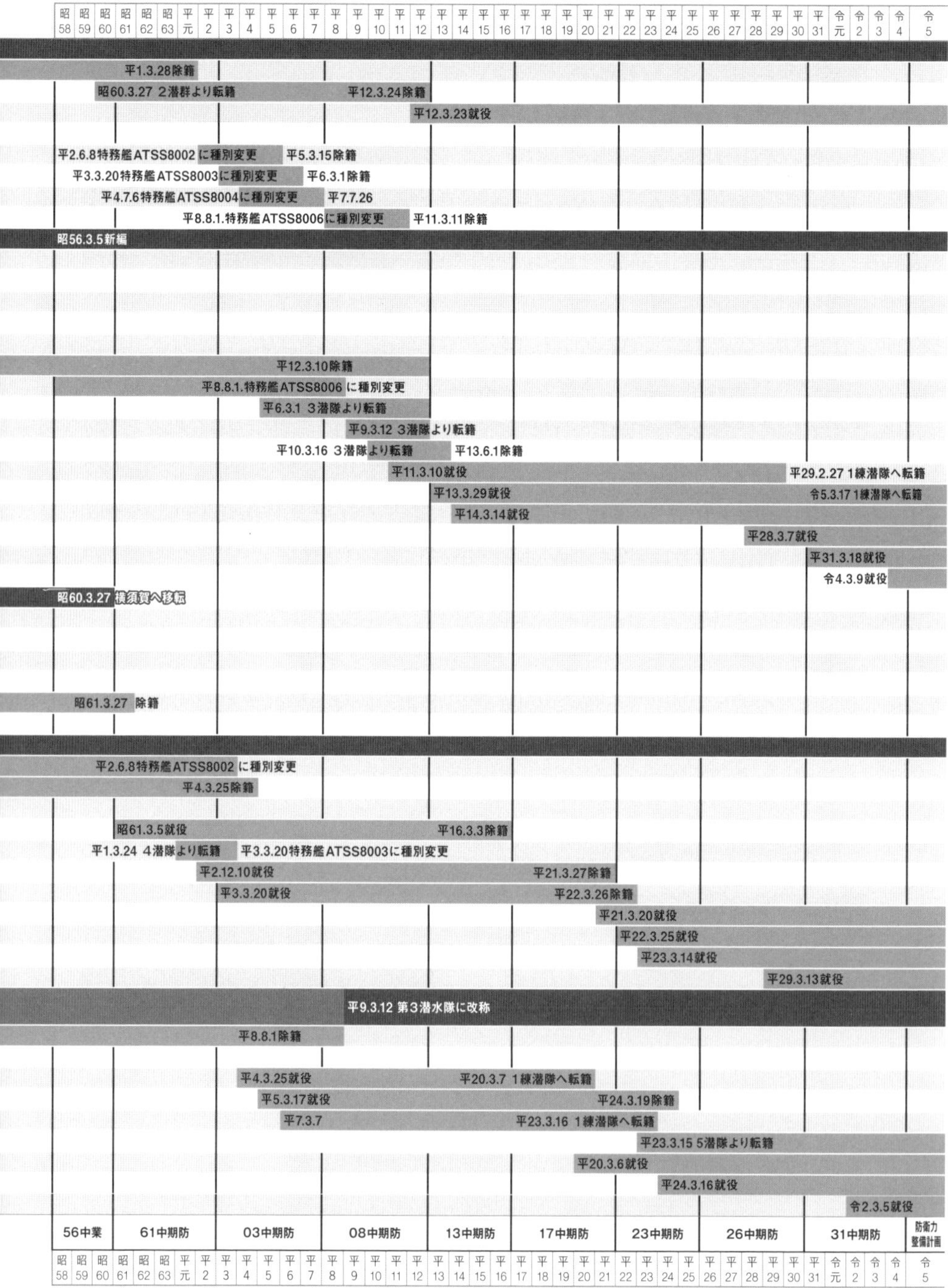
昭58 昭59 昭60 昭61 昭62 昭63 平元 平2 平3 平4 平5 平6 平7 平8 平9 平10 平11 平12 平13 平14 平15 平16 平17 平18 平19 平20 平21 平22 平23 平24 平25 平26 平27 平28 平29 平30 平31 令元 令2 令3 令4 令5
平1.3.28除籍
昭60.3.27 2潜群より転籍
平12.3.24除籍
平12.3.23就役
平2.6.8特務艦ATSS8002に種別変更
平5.3.15除籍
平3.3.20特務艦ATSS8003に種別変更
平6.3.1除籍
平4.7.6特務艦ATSS8004に種別変更
平7.7.26
平8.8.1.特務艦ATSS8006に種別変更
平11.3.11除籍
昭56.3.5新編
平12.3.10除籍
平8.8.1.特務艦ATSS8006に種別変更
平6.3.1 3潜隊より転籍
平9.3.12 3潜隊より転籍
平10.3.16 3潜隊より転籍
平13.6.1除籍
平11.3.10就役
平29.2.27 1練潜隊へ転籍
平13.3.29就役
令5.3.17 1練潜隊へ転籍
平14.3.14就役
平28.3.7就役
平31.3.18就役
令4.3.9就役
昭60.3.27 横須賀へ移転
昭61.3.27 除籍
平2.6.8特務艦ATSS8002に種別変更
平4.3.25除籍
昭61.3.5就役
平16.3.3除籍
平1.3.24 4潜隊より転籍
平3.3.20特務艦ATSS8003に種別変更
平2.12.10就役
平21.3.27除籍
平3.3.20就役
平22.3.26除籍
平21.3.20就役
平22.3.25就役
平23.3.14就役
平29.3.13就役
平9.3.12 第3潜水隊に改称
平8.8.1除籍
平4.3.25就役
平20.3.7 1練潜隊へ転籍
平5.3.17就役
平24.3.19除籍
平7.3.7
平23.3.16 1練潜隊へ転籍
平23.3.15 5潜隊より転籍
平20.3.6就役
平24.3.16就役
令2.3.5就役
56中業
61中期防
03中期防
08中期防
13中期防
17中期防
23中期防
26中期防
31中期防
防衛力整備計画
昭58 昭59 昭60 昭61 昭62 昭63 平元 平2 平3 平4 平5 平6 平7 平8 平9 平10 平11 平12 平13 平14 平15 平16 平17 平18 平19 平20 平21 平22 平23 平24 平25 平26 平27 平28 平29 平30 平31 令元 令2 令3 令4 令5

海上自衛隊潜水艦部隊の推移

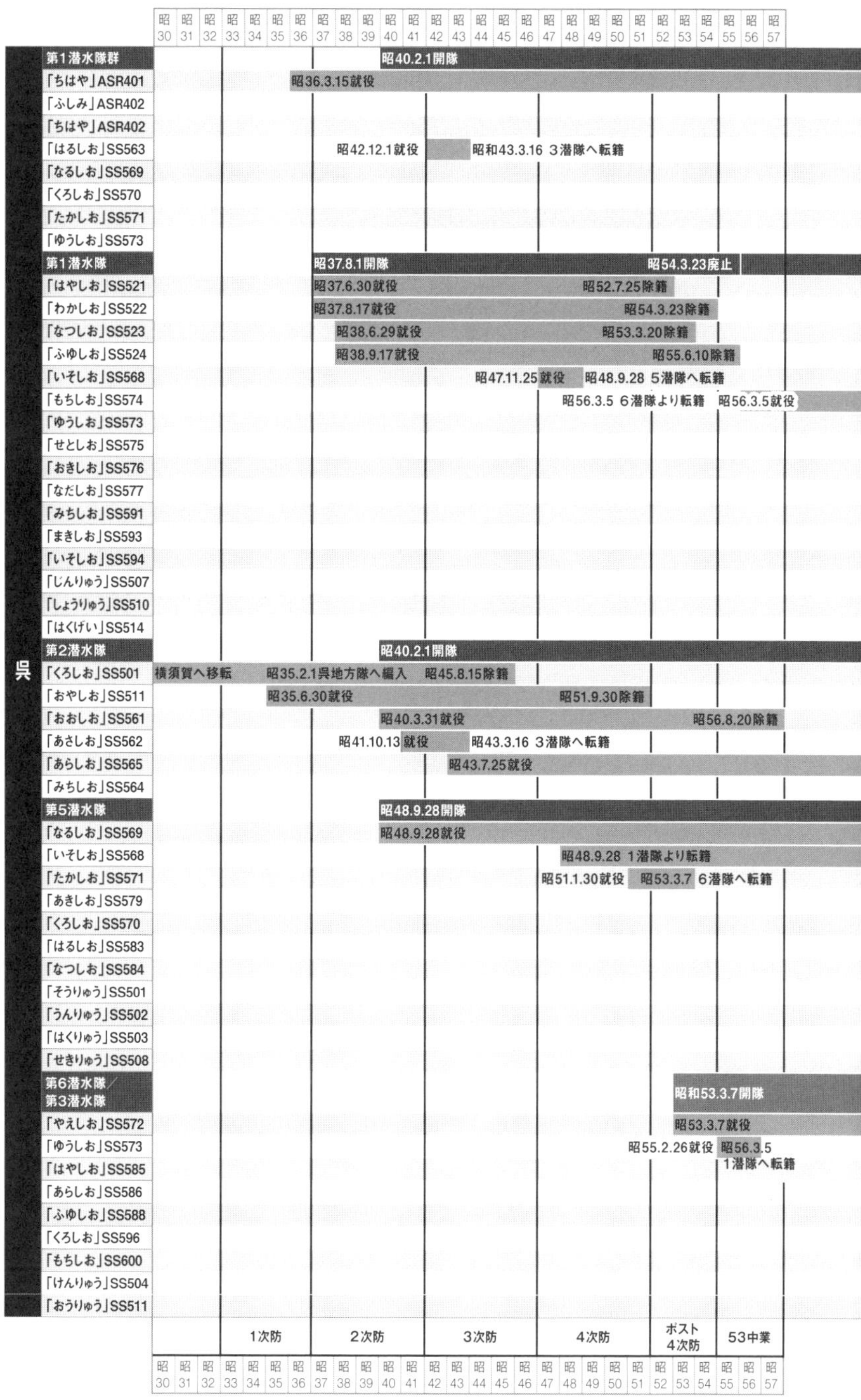

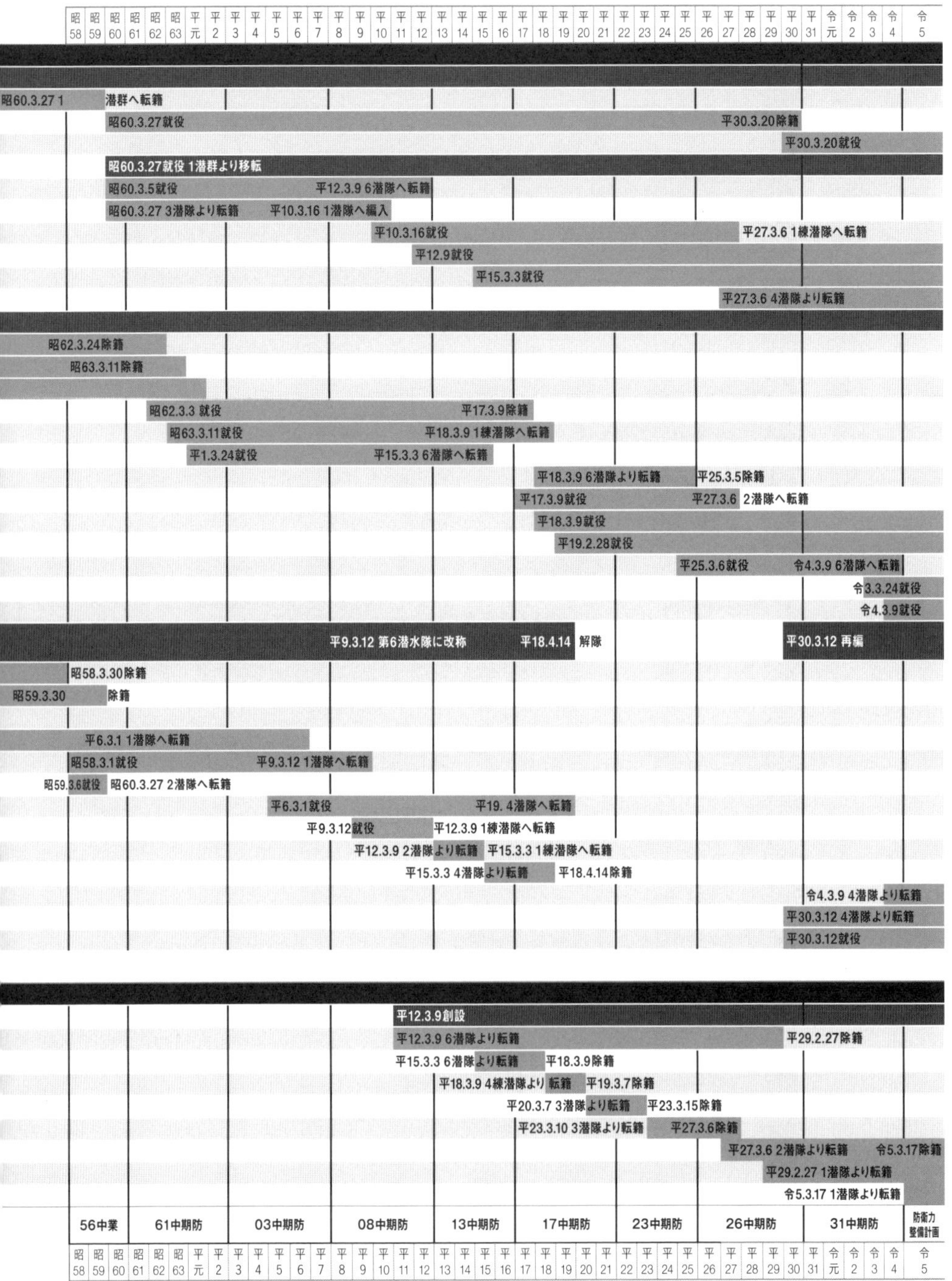
昭58 昭59 昭60 昭61 昭62 昭63 平元 平2 平3 平4 平5 平6 平7 平8 平9 平10 平11 平12 平13 平14 平15 平16 平17 平18 平19 平20 平21 平22 平23 平24 平25 平26 平27 平28 平29 平30 平31 令元 令2 令3 令4 令5
昭60.3.27 1潜群へ転籍
昭60.3.27就役
平30.3.20除籍
平30.3.20就役
昭60.3.27就役 1潜群より移転
昭60.3.5就役
平12.3.9 6潜隊へ転籍
昭60.3.27 3潜隊より転籍
平10.3.16 1潜隊へ編入
平10.3.16就役
平27.3.6 1練潜隊へ転籍
平12.9就役
平15.3.3就役
平27.3.6 4潜隊より転籍
昭62.3.24除籍
昭63.3.11除籍
昭62.3.3 就役
平17.3.9除籍
昭63.3.11就役
平18.3.9 1練潜隊へ転籍
平1.3.24就役
平15.3.3 6潜隊へ転籍
平18.3.9 6潜隊より転籍
平25.3.5除籍
平17.3.9就役
平27.3.6 2潜隊へ転籍
平18.3.9就役
平19.2.28就役
平25.3.6就役
令4.3.9 6潜隊へ転籍
令3.3.24就役
令4.3.9就役
平9.3.12 第6潜水隊に改称
平18.4.14 解隊
平30.3.12 再編
昭58.3.30除籍
昭59.3.30 除籍
平6.3.1 1潜隊へ転籍
昭58.3.1就役
平9.3.12 1潜隊へ転籍
昭59.3.6就役
昭60.3.27 2潜隊へ転籍
平6.3.1就役
平19. 4潜隊へ転籍
平9.3.12就役
平12.3.9 1練潜隊へ転籍
平12.3.9 2潜隊より転籍
平15.3.3 1練潜隊へ転籍
平15.3.3 4潜隊より転籍
平18.4.14除籍
令4.3.9 4潜隊より転籍
平30.3.12 4潜隊より転籍
平30.3.12就役
平12.3.9創設
平12.3.9 6潜隊より転籍
平29.2.27除籍
平15.3.3 6潜隊より転籍
平18.3.9除籍
平18.3.9 4練潜隊より 転籍
平19.3.7除籍
平20.3.7 3潜隊より転籍
平23.3.15除籍
平23.3.10 3潜隊より転籍
平27.3.6除籍
平27.3.6 2潜隊より転籍
令5.3.17除籍
平29.2.27 1潜隊より転籍
令5.3.17 1潜隊より転籍
56中業
61中期防
03中期防
08中期防
13中期防
17中期防
23中期防
26中期防
31中期防
防衛力整備計画
昭58 昭59 昭60 昭61 昭62 昭63 平元 平2 平3 平4 平5 平6 平7 平8 平9 平10 平11 平12 平13 平14 平15 平16 平17 平18 平19 平20 平21 平22 平23 平24 平25 平26 平27 平28 平29 平30 平31 令元 令2 令3 令4 令5

海上自衛隊潜水艦部隊の推移

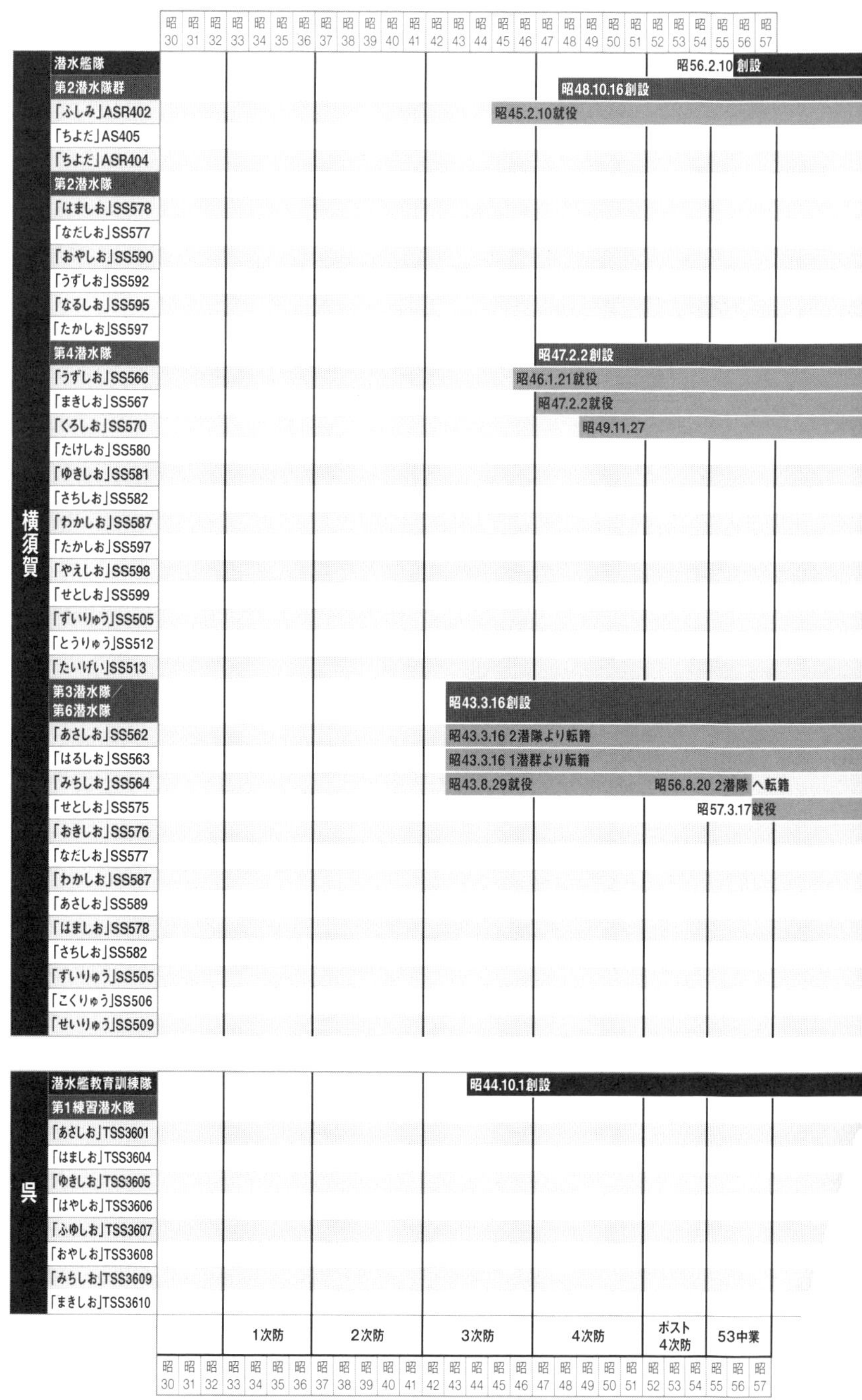

著者紹介
勝目純也（かつめ じゅんや）

昭和34（1959）年、神奈川県鎌倉市出身。曾祖父は野間口兼雄海軍大将。会社員。

著書に「海上自衛隊 護衛艦建艦史」「甲標的全史」「日本海軍潜水艦戦記」（イカロス出版）、「日本海軍の潜水艦」「海軍特殊潜航艇」（大日本絵画）、「日本潜水艦総覧」（ワン・パブリッシング）など多数。

雑誌「歴史群像」（ワン・パブリッシング）、「丸」（潮書房光人社）、「世界の艦船」（海人社）、「Jシップス」（イカロス出版）等に寄稿。

日本海軍戦争体験者への取材内容を基に、海上自衛隊の教育部隊を中心に毎年講話を実施しており、2023年で13年目57回を数える。

公益財団法人三笠保存会評議員、東郷会常務理事、潜水艦殉国者慰霊顕彰会理事、横須賀水交会会員

主要参考文献——世界の艦船　海人社
丸スペシャル　潮書房光人社
潜水艦のメカニズム完全ガイド　佐藤正著　秀和システム
聞書・海上自衛隊史話　鈴木総兵衛著　水交会
潜水艦部隊記念誌　海上自衛隊

写真協力——海上自衛隊　花井健朗
柿谷哲也　菊池雅之　上船修二
菊池征男　松本晃孝

イラスト——田村紀雄

装丁・本文デザイン——村上千津子（イカロス出版）

海上自衛隊
潜水艦建艦史 増補改訂版

2024年1月10日 発行

著　者——勝目純也
発行人——山手章弘
発行所——イカロス出版
〒101-0051　東京都千代田区神田神保町 1-105
［電話］出版営業部　03-6837-4661
［URL］https://www.ikaros.jp/
印刷所——図書印刷
inted in Japan